图书在版编目（CIP）数据

高密度城市设计与开发 / 管娟主编．
上海：同济大学出版社，2016.12
（理想空间；75）
ISBN 978-7-5608-6682-6

Ⅰ. ①高… Ⅱ. ①管… Ⅲ. ①城市规划—研究—中国
Ⅳ. ① TU984.2

中国版本图书馆 CIP 数据核字（2016）第 313957 号

理想空间
2016-12（75）

编委会主任	夏南凯　王耀武
编委会成员	（以下排名顺序不分先后）
	赵 民　唐子来　周 俭　彭震伟　郑 正
	夏南凯　蒋新颜　缪 敏　张 榜　周玉斌
	张尚武　王新哲　桑 劲　秦振芝　徐 峰
	王 静　张亚津　杨贵庆　张玉鑫　焦 民
	施卫良
执行主编	王耀武　管 娟
主 编	管 娟
责任编辑	由爱华
编 辑	管娟　姜涛　管美景　陈波　崔元元
	李赵敏　顾毓涵
责任校对	徐春莲
平面设计	管美景　顾毓涵
主办单位	上海同济城市规划设计研究院
承办单位	上海怡立建筑设计事务所
地 址	上海市杨浦区中山北二路 1111 号同济规划大厦
	1107 室
邮 编	200092
征订电话	021-65988891
传 真	021-65988891
邮 箱	idealspace2008@163.com
售书 QQ	575093669
淘宝网	http://shop35410173.taobao.com/
网站地址	http://idspace.com.cn
广告代理	上海旁其文化传播有限公司
出版发行	同济大学出版社
策划制作	《理想空间》编辑部
印 刷	上海锦佳印刷有限公司
开 本	635mm x 1000mm　1/8
印 张	16
字 数	320 000
印 数	1-10 000
版 次	2016 年 12 月第 1 版　2016 年 12 月第 1 次印刷
书 号	ISBN 978-7-5608-6682-6
定 价	55.00 元

编者按

在经济全球化背景下，产业、信息、能源、资本、人力等经济要素呈现出区域集中的态势，而资源的高度集聚又有力地推动着城市的高速发展。建设用地稀缺，高速城市化的压力，向"人口高密度"和"建筑高层化"方向发展是世界城市发展的一种倾向。

目前，中国城市建设像一列在"高速铁路"上行驶的列车，未来中国城市不可能像现在这样无序增长，而高密度城市形态在中国似乎不可逆转，这一过程不可避免地带来了城市的高密度开发，从土地集聚的角度出发，高密度城市建设未来是一种发展趋势，对提高土地利用率，减缓侵占农地和近郊城市化，方便交通和运输，有利于城市旧区重建，减少开发新土地的投资。

本书的研究对象是高密度城市的设计与开发，而研究的重点集中在高密度城市的社会和环境问题上，从解决高密度城市面临问题出发，结合高密城市设计——智能化、立体化、网络化、复合化的设计理念，让读者全局了解高密度城市的发展，突出实用性，为相关的政府官员、工程师、开发商等，提供有价值的借鉴材料。

上期封面：

CONTENTS 目录

Top Article

Subject Case

City Form Research Countermeasure

Development Strategy and Model Countermeasure

Road Traffic Solutions

Public Space Creation Strategy

Old City Renewal Strategy

Voice from Abroad

疏解·连接·修补：高密度环境下城市设计微观优化方法
Micro-level Urban Design in High Density Urban Environments

杨 震 郑松伟 姚 瑶
Yang Zhen Zhen Songwei Yao Yao

[摘　要]　本文以重庆市九龙坡区W01－3/03地块城市设计研究为例，探讨了在城市发展由增量扩张向存量更新的转型背景下，"高密度环境"的城市设计应对策略。着重针对高密度城市环境中"拥堵、断裂、缺失"的问题，提出了"疏解、连接、修补"三种城市设计微观优化方法。

[关键词]　城市化转型；高密度环境；城市设计；微观优化

[Abstract]　This paper studies the design of Jiulongpo W01-3/03 block city of Chongqing city as an example, discusses the background of the transformation of the stock to update in the development of the city by the incremental expansion of the city, the design strategies of " high density environment". focuses on the high density city environment "congestion, rupture and deletion" problem, put forward the "ease, connection and repair" micro optimal design of three city method.

[Keywords]　Urbanization Transformation; High Density Environment; Urban Design; Micro Optimization
[文章编号]　2016-75-A-004

1.城市设计总平面图
2.鸟瞰图

一、从增量扩张到存量更新：中国城市化转型

过去30年，中国经历了高速城市化进程：每年大约有1 000万新增人口涌入城市，城市化率从1980年的不足20％，至20105年已迅速达到50％。与此相伴的，则是几乎所有城市均采用了"增量扩张"式的规划与建设方式。所谓增量规划，是指以新增建设用地为对象、基于空间扩张为主的规划。增量扩张式的城市发展反映出城市政府对于空间最大利益的谋求，是依靠对城市资源要素高强度与集中化的运用，迅速达成利好"经济发展"及"资本循环"的城市物质空间的大扩张。增量扩张的直接后果是带来城市空间资源的快速消耗和人口的迅速集聚。以北京为例，近年来GDP每增加1％则建设用地相应有0.11％的增长，同时对应了0.37％的常住人口和0.51％的从业人口的增长。但是，在城市化率过半之后，既有的城市规划与建设方式正面临着深刻的转型，从政府到学界开始探讨从增量扩张向"存量更新"的范式变化。2013年中央城镇化工作会议明确提出"严控增量，盘活存量，优化结构，提升效率，切实提高城镇建设用地集约化程度"。2015年中央城市工作会议进一步提出"坚持集约发展，框定总量、限定容量、盘活存量、做优增量、提高质量"等目标。与此相呼应，一些研究者开始关注与倡议存量规划，即指通过城市更新等手段促进建成区功能优化调整，认为存量规划适应了后城市化时期城市转型的要求，是对于单纯依赖增量

空间扩张的规划思路的纠偏，也是城市规划基本原则的理性回归。相对于增量规划主要侧重于对未来空间利益的预分配，存量规划则更多是对城市既有功能与现实利益的"微观优化"与"即时调节"。

二、高密度环境特质与问题：后城市化的挑战

如前所述，增量扩张带来空间资源的消耗与人口的集聚，由此形成的直接空间结果往往是"高密度"城市环境。"密度"既可指单位土地面积上的建筑开发强度，也可指单位土地面积上的人口集聚程度，甚至也可指单位土地面积上的活动与行为的密度。但在学术上，所谓"高密度"并没有一个确切或者统一的定义，它依赖于与城市相关联的社会规范、技术标准及个人判断。例如，每hm²40栋住宅在英国已经是中密度的住宅开发，但在以色列只能算是低密度开发。在公共讨论领域，"高密度"常常与"城市问题"相关联，似乎高密度就意味着"拥挤、压力、环境恶化"等。但实际上，随着"紧凑城市""精明增长"等理念的传播与普及，高密度环境的有益特质是得到公认的。首先，高密度环境有利于形成居住、就业、购物、娱乐、教育等设施的集中布局和城市各功能的混合使用，有助于促进规模经济的形成，提高社会服务、基础设施的使用效率，减少管线、道路等的服务距离从而减少能源和资源消耗，缩短居民的出行距离使其可以更高效地完成日常生活，并提供多样

化的公共生活的选择，有利于激发城市活力。其次，高密度环境也为创造丰富多彩的城市形态提供了条件——密集的建筑集群通过适宜的城市设计可以促使城市空间结构和形态界面更加连贯和统一，有助于完善和提升城市的整体形象。

但是，另一方面，高密度环境中存在的问题也不少见。

（1）"拥堵"

建筑过度密集以致互相遮蔽，无法形成疏密有致的城市空间形态，同时建筑之间产生视线及噪声的严重干扰，影响人居环境的舒适度，更可能造成公共空间与街道面积减少，使居民活动与出行不便，形成交通拥挤。

（2）"断裂"

不当的规划及管理易造成高密度环境的空间破碎化，包括缺乏建筑界面对街道有效的围合、露天停车场和机动车出入口等破坏步行连续性、大量消极的"失落空间"无法得到充分有效的社会利用等。

（3）"缺失"

高密度环境中商业功能（如购物中心、开发小区等）对空间的垄断性占据造成公共空间和公共设施的缺乏，无法满足居民日常生活的需求，同时各种建筑形象混杂重叠，既缺乏统一性也缺乏鲜明的特色，造成居民视觉和心理认知上的混乱。

就普遍感觉而言，中国大城市高密度环境存在的问题似乎较多，许多城市在环境与交通拥堵、空间与街道破碎、服务与风貌缺失等方面几乎到了积重难

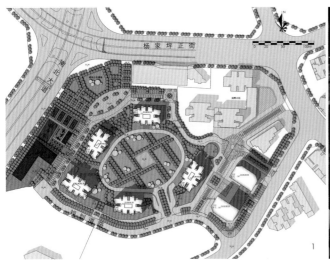

返的程度——这些问题也是2013年以来中央政府反复强调要解决的重点。但实际上，相关数据显示，中国大城市的建筑及人口密度并不高于西方同类城市：例如，柏林的城区人口密度是北京的近四倍，上海人口密度仅相当于面积相同的日本相应地区人口密度的一半，我国四个经济特区（深圳、珠海、厦门、汕头）的人口密度都比土地面积相当的纽约都市区的人口密度低一半。而难以否认的是，尽管这些西方城市密度更高，但在运行效率和空间品质等方面优于中国城市。因此可以说，高密度环境的特质与问题实际是并存的，或可视为可以互相转化的"一体两面"。如何促进这种转化，是后城市化时期许多中国城市面临的巨大挑战，也是带动城市"存量更新"的关键所在。而城市设计，作为规划领域的一种重要策略，能够为促进这种转化贡献积极的力量。

三、城市设计作为一种微观空间优化方法

城市设计作为一门相对新兴的学科，迄今仍缺乏明确的定义。但对城市设计的普遍理解基本都是创造一个良好的城市公共环境，包括有序的公共空间形态和有活力的公共生活。一般而言，根据其工作阶段和对象的不同，城市设计可以分成宏观层面的总体城市设计、中观层面的区域及片区城市设计、微观层面的地块城市设计等；其中微观层面的城市设计侧重于微观空间形态的优化，较多关注与人们日常生活和视觉感知范围内密切相关的空间尺度、形体、肌理、细节等。这种层面的城市设计也可视为一种"植入式城市设计"（plug-in urban design），因为它往往在建成环境中开展工作，必须慎重处理与周围建筑与空间的联系，因此在城市的存量更新任务中十分常见。

对于微观层面城市设计的具体方法，规划领域内有大量研究成果可资借鉴。就中国城市而言，尤其应该关注高密度环境下相关问题的解决。例如，针对"拥堵"，可以通过分析城市视线关系来合理安排高层建筑位置、建立景观通廊、重塑建筑天际线，同时植入适宜尺度的公共空间加以疏解；针对"断裂"，则应强化公共空间之间的结构性连接，提升建筑对开放空间的围合感，重建建筑—空间的"图底关系"的互动推导；针对"缺失"，则重在因地制宜地对公共设施进行补充，对城市形象进行统筹式的修补与优化，并由此对城市风貌特色进行提炼和强化。需要注意的是，微观层面的城市设计虽然以近人尺度的城市环境为工作对象，也往往提供具体可视的空间设计方案，但其本质仍是一种空间形态的控制策略及优化方法，不直接等同于建筑设计，因此必须把握刚性与弹性相结合的原则。

四、案例研究：重庆市九龙坡区W01-3/03地块城市设计研究

1. 项目背景

重庆自1997年直辖之后经历了快速的增量扩张，在不到20年间，重庆市区人口由460万增长到超过800万，市区面积由214km²扩展到超过600km²，城市化率也从18.99%增长到51.6%；与此同时，重庆中心区的城市环境密度激增。相关数据显示，目前重庆投入使用的超高层建筑有9 814座，成为全国高楼密度最大的城市之一；而由于重庆山地地形条件限制，近年来中心区可供规模化开发的建设用地日益减少，城市建设逐渐进入"存量更新"的阶段。在此背景下，重庆市规划局于2015年启动了一批"微

地块"城市设计研究工作，侧重研究高密度建成环境中新增小尺度用地的城市设计控制，以探寻"存量更新"时期的城市开发控制策略。

2. 项目概况

九龙坡区W01-3/03地块是该研究工作中的一个项目，用地面积仅约4.3亩，容积率3.5，属于典型的"微地块"。它位于重庆九龙半岛的西北角，在规划定位上属于都市生活居住区；经过多年开发建设，用地四周已形成较密集的高层建筑群；用地西侧正在建设中的南北大道及北侧的杨家坪正街是连接用地与城市的主要交通动脉，用地正处于两条干道的交汇处。该项目较突出地体现了高密度城市环境的一些问题：周围建筑拥堵重叠，缺乏有序的城市空间形态组织，交通组织不畅，易发生拥堵情况；道路与街道网络破碎，步行系统与商业界面不完整；缺乏有吸引力的公共空间和社区服务设施，整体建筑的形态风貌特色较为缺失。针对用地特质与问题，我们提出：

（1）本次城市设计研究的宏观目标

在复杂的存量环境中通过"植入式城市设计"对整体区域的城市形态进行优化。

（2）中观目标

基于项目自身需求及周边环境特质对用地周边的公共空间系统进行整合。

（3）微观目标

在研究周边环境风貌特质的基础上提出适度的控制策略，使项目与周边环境协调共生，同时通过得体的意象营造促进整个区域建筑风貌的提升。同时，我们意识到这是一个开发用地，而非公益设施建设项目，因此必须重视可行性基础：不能采取脱离实际情况的策略，而必须兼顾潜在的开发要求并平衡合理的

塔楼主体以浅暖灰色为主　　塔楼局部可采用浅冷灰色　　裙楼主体以浅暖灰色为主　　局部可采用重暖灰色

| R:209, G:196, B:182 | R:226, G:226, B:226 | R:186, G:171, B:148 | R:68, G:63, B:55 |
| R:209, G:197, B:164 | R:186, G:186, B:186 | R:155, G:143, B:123 | R:43, G:40, B:31 |

建议塔楼主体色调　　建议塔楼局部色调　　建议裙楼主体色调　　建议裙楼局部色调

3

形成错落有致、丰富有趣的天际线

改造前　改造后

建议建筑高度70~100m，沿绿化广场由低到高布置

改造前　改造后

经济利益。

在上述目标指引下，我们推导出了城市设计总图布置及体量组合，其间主要采用了"疏解、连接、修补"三种城市设计微观优化方法。

3. 优化方法

（1）疏解

第一，经过仔细的容积率测算，建议将场地内的住宅高度设定在70m以上，总栋数设定为6栋，并选用点状高层住宅的形式。这样一方面确保基本的开发规模，又能在保证充分的通风采光的同时使建筑之间有较大的间距，能最大限度地增加空间和视觉上的渗透性。

第二，建议所有住宅塔楼在布置上远离西侧南北大道，南北大道路红线60m范围以内配套建筑高度≤18m。这样一方面避免噪声和汽车尾气的影响，另一方面避免高层塔楼对城市主干道造成视觉上的压迫，确保沿南北大道一侧有较为开阔的城市"上空空间"，有助于形成沿主干道一侧大尺度的视线贯通区域。

第三，由杨家坪正街与南北大道交叉口处向用地内设置一条宽度≥30m的贯穿性视线通廊，其目的是避免在道路转角处出现明显的高层建筑"粘连"或遮挡，影响从杨家坪正街及南北大道进入九龙半岛的视线可达度。

第四，建议增大道路的宽度以释放更多外部空间：用地西侧沿南北大道一侧建筑后退≥8m，强化快速路进入九龙半岛的仪式感，塑造其作为城市景观大道的特性；用地南侧沿规划道路一侧要求建筑后退≥7m，用地东侧沿龙江支路一侧要求建筑后退≥5m，同时要求道路设计应布置带状临时停车位，

以避免未来的沿路无序停车。

（2）连接

第一，用地东北侧设置公共开口与用地外现状街道连通，形成一条贯穿性的公共街道，用地西侧及北侧设置一条贯穿性的环形公共街道。这两条街道的布置，可以明显提升整个街区步行系统的可达性和渗透性，有助于消减形成大尺度"封闭住区"的可能，同时有助于开发项目形成更多的"公共临街面"，可以有效安排更多公共服务功能，并提升人流及物流的循环效率。

第二，打造连续的街道立面，形成完整的步行空间。高层住宅沿街裙房建议总体保持建筑界面的连续性，不鼓励出现过多的体量上的凹凸、进退、断裂、错动等，鼓励局部设置骑楼、连廊等以丰富空间变化，维护街道空间的完整，营造连续丰富的步行体验。

（3）修补

第一，建议增加社区服务设施，为周边居民创造更便利的生活条件。增加幼儿园、公共体育场、公共绿地等要素，在产权上属于开发者，纳入小区统一物业管理，但要求设置单独出入口向社会开放，并与内部环路及外部人行道无缝连接，确保良好的步行可达性。

第二，以开放式、小尺度街区形式布置沿街消费类商业形态，以充分利用街道空间激发经济活力。考虑到用地周边有较多教育机构（教师进修学院、九龙小学、幼儿园等），建议在用地东北侧设置两栋公寓，可容纳较多教育、培训、中介、咨询等业态，完善整个区域的商业功能，同时这部分业态与沿街消费类商业也能形成互动，有助于进一步提升社区活力。

第三，着重强化协调中有变化的建筑风貌，以

修复目前混乱的城市环境意象：首先，结合周围建成建筑的高度分布情况，地块内高层建筑的高度分布宜有层次变化，总体上建议西侧及北侧较低、东侧及南侧较高，以丰富街区整体的天际线变化并增强城市空间的层次感；其次，由于用地周边已建成建筑总体上以浅暖灰色为主，因此建议本项目采用类似色调作为主色调，以促进街区整体色彩的协调；最后，考虑到该地块位于九龙半岛的入口处，项目宜塑造城市门户形象，且周围建筑屋顶形式以平屋顶为主，因此建议在整体形象控制上沿街立面体现一定的公建气质，高层建筑建议采取简洁的平屋顶造型，同时不鼓励朝南北大道一侧设置凸出式的开敞阳台，但允许合理设置凹入式生活阳台，以解决衣物晾晒等问题。

（4）城市设计导则

作为微地块的城市设计研究，有必要提出较为详尽的空间解决方案。但如前所述，城市设计并不等同于建筑设计，不可能也没有必要进行"面面俱到"的设计，更由于本项目属于一个开发类项目，在未来真正的开发主体介入之后，必然有更多的利益诉求和技术考量。因此，上述三方面的城市设计策略还应进一步从"图示语言"转化为"管理语言"，与法定的控制性详细规划体系衔接，才能对未来的开发起到实质性的控制引导作用。为此，我们编制了城市设计导则，通过"刚性要求与弹性要求并举"及"总则与分项说明对照"的方式，将本项目的控制要求逐一明示。这种菜单式的导则也可成为一种"标准化要件"，应用于其他微地块的城市设计控制中。

五、总结

城市化率过半之后，中国城市发展的基本范式

正由"增量扩张"转向"存量更新",其间面临的重大挑战之一就是解决高密度建成环境带来的种种问题,如"拥堵"、"断裂"、"缺失"等典型症状。城市设计作为一种创造空间形态与公共生活的公共政策或者技术工具,对高密度环境下微观空间品质的优化具备积极的促进作用。九龙坡区WO1-3地块的城市设计研究总结出"疏解""连接""修补"三种城市设计微观优化方法,为解决高密度环境的特定问题提供了策略与思路,同时以城市设计导则的形式形成了可供推广的"标准化要件",与开发控制进行了较好的结合。在后城市化时期,城市开发与建设将日益转向微观空间层面,类似项目将日趋增多;在此过程中,城市设计实践也将不断推陈出新。

参考文献

[1] 邹兵. 增量规划、存量规划与政策规划[J]. 城市规划, 2013 (2): 37 – 39, 57.

[2] 杨震. 范式·困境·方向:迈向新常态的城市设计[J]. 建筑学报, 2016 (2): 101 – 106.

[3] 施卫良, 邹兵, 金忠民, 等. 面对存量和减量的总体规划[J]. 城市规划, 2014 (11): 16 – 21.

[4] 邹兵. 增量规划向存量规划转型:理论解析与实践应对[J]. 城市规划学刊, 2015 (5): 20 – 27.

[5] 耿宏兵. 紧凑但不拥挤:对紧凑城市理论在我国应用的思考[J]. 城市规划, 2008 (6): 66 – 72.

[6] 董春方. 城市高密度环境下的建筑学思考[J]. 建筑学报, 2010 (4): 26 – 29.

[7] 杨震, 徐苗. 创造和谐的城市公共空间:现状、问题、实践价值观[A]. 2007中国城市规划年会论文集[C]. 哈尔滨: 黑龙江科学技术出版社, 2007.

[8] 杨震, 刘欢欢. 当代中国城市建筑的"迪斯尼化":特征与批判[J]. 建筑师, 2015 (5): 69 – 74.

[9] 蔡继明. 中国的城市化:争论与思考[J]. 河北经贸大学学报, 2013 (5): 12 – 16.

[10] 杨震. 城市设计与城市更新:英国经验及其对中国的镜鉴[J]. 城市规划学刊, 2016 (1): 88 – 98

[11] 王建国. 21世纪初中国城市设计发展再探[J]. 城市规划学刊, 2012 (1): 1 – 8.

[12] 扈万泰, 王力国. 1949年以来的重庆城市化进程与城市规划演变:兼谈城市意象转变[A]. 2011中国城市规划学会年会论文集[C]. 南京: 东南大学出版社, 2011.

作者简介

杨 震, 重庆大学建筑城规学院, 山地城镇建设与新技术教育部重点实验室, 副教授;

郑松伟, 重庆大学建筑城规学院, 硕士研究生;

姚 瑶, 重庆筑恒城市规划设计有限公司, 建筑师。

3.控制建筑色彩
4.控制高度与天际线
5.增加社区服务设施
6.控制建筑后退红线
7.打造连续街道界面

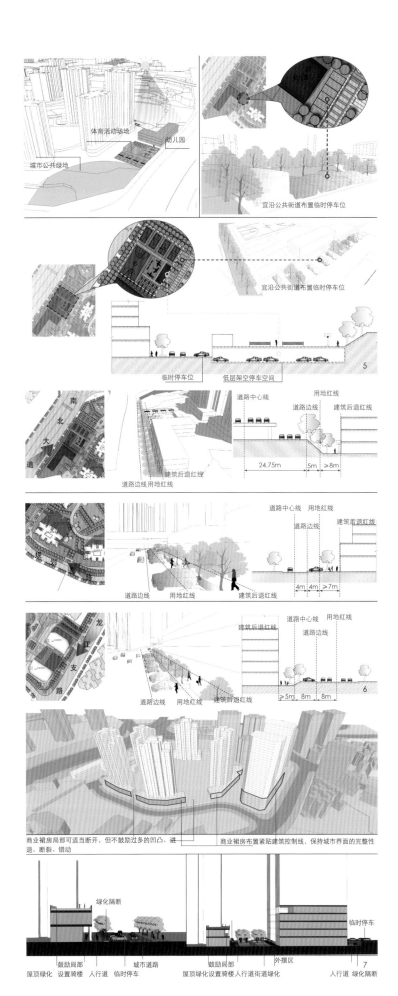

高密度城市核心区的地下空间设计与开发
The Design and Development of the Underground Space in High-density Urban Core

周炳宇
Zhou Bingyu

[摘　要]　本文以实际的高密度城市核心区地下空间开发建设的实例为依据，分析地下空间开发现存的误区及原因。通过地下空间设计原则的构建，探讨设计与开发的正逆相互关系，为更为专业和实施性较强的地下空间设计与开发工作提出建议。

[关键词]　地下空间；高密度；核心区

[Abstract]　In this paper, based on the the actual example of the development and construction of the underground space in the core area of high density city, this author analyzes the existing misunderstandings and reasons. Through the construction of underground space design principles, this paper discusses the positive and negative relationship between design and development, and puts forward some suggestions for the design and development of underground space, which is more professional and strong implementation.

[Keywords]　Underground Space; High-density; Urban Core

[文章编号]　2016-75-A-008

1.上海五角场鸟瞰
2.上海五角场夜景
3.钱江新城夜景

一、引言

近几年，地下空间的开发建设已经进入国家战略层面，2013年至今，国务院先后出台了多个指导意见和编制办法，全面推进地下综合管廊、海绵城市、地下停车设施的建设。国家领导人高度重视地下管网等城市基础设施建设，对地下管线和综合管廊建设提出工作要求。专家指出应选择在高密度建设地区，促进城市集约高效和转型发展，有利于提高城市综合承载能力和城镇化发展质量[①]。

基于以上背景，同时考虑到城市的高密度开发也是可持续发展的需要，现阶段中国的城市建设实际上很大程度还处于CIAM[②]的影响下，功能分区仍大行其道，应反思其贻害，高密度城市中心更应像一个混合的活力区域。对于中小城市，应保持适当的密度和地下空间开发，不应过于集聚，从而超过其自身承受能力，染上大城市病。而对于大城市及以上城市的中心区，高密度发展已经成为中国乃至世界各国城市发展的必然趋势。本文对于高密度本身不再探讨，主要针对大城市及以上的城市核心区的地下空间开发现状进行评价分析，以科学指导其地下空间开发。

二、当前城市核心区地下空间开发问题解析

1. 受制于现状情况和体制束缚、缺乏远见

由于地下空间开发的特殊特点，并且涉到人防工程，其建设成本远远高于地面建筑。尤其当前经济面临发展新常态、下行压力较大，地方政府财政收入持续下降，房地产投资大幅减少，很多城市的地下空

间规划建设事宜由于资金短缺变得稀少或暂停。例如江湾五角场，作为上海市四个城市副中心之一，是地下空间综合利用的实案，但是经历了从单个到联合的曲折过程，尤其是以地下16万m²的万达广场为主。2005年开始建设时，商业定位中档，不愿建设地下商业和停车库，后由于规划要求，乃至政府的保证，建成后即成为五角场人气最旺的地下商场。至今已有十年，但目前来看，节假日已经出现停车困难。万达与地铁连接并不顺畅，自有地下空间开发过于保守，沪上与地铁相连的其他综合体基本上是地下二层商业。从副中心区位本身来看，地下商业两层，地下停车三层比较合适[③]。

同时，核心区的地下空间开发建设涉及管理层面比较多，按照我国现有法律制度，国家没有对地下空间的开发利用管理明确相应的主管部门。在实践中，实行的是国土资源、城市规划、建设、电信、电力、公用、民防、公安消防、抗震、水利防洪、绿化、环保、水电、国防、文物保护等各行政管理部门各司其职，分别代表国家对地下空间相关的开发利用行使管理职权，涉及多个方面的利益与要求，实际上是多头管理与无人管理并存。或缺乏整体规划考虑，或者有整体规划也无力整体实施。

例如，作为杭州中央商务区的钱江新城和钱江世纪城，就是两个不同管理层面导致的地下空间两种迥异的效果。杭州钱江新城管委会主任由市政府副秘书长担任，而且包含铁路投资集团、市财政、市纪委等主要部门的联合参与构建。地下空间概念规划由德国欧博迈亚和解放军理工大学2003年编制完成，控规由杭州市规划设计研究院完成。而钱江世纪城管委会主任由所在地的街道书记担任，管理人员主要是原

街道人员。地下空间概念规划由日本日建设计公司和上海同济规划设计研究院2006年编制完成，与钱江新城相比，地下空间规划更为宏大和完善。控规由浙江省规划设计研究院完成。两者的规划均不错，体现了国际先进地下空间设计理念和本土的结合。实际上，钱江新城地下空间很好地依据规划进行了实施建设，首期建成的波浪文化城，连接三个地铁车站，地下地上一体化立体商业步行系统将长达9km，涉及30个街区，近80座建筑，取得了非常好的社会和经济效益。而钱江世纪城，除了启动区几个同乡开发商的地块，其他都没有连通，地铁2号线的建设也没有考虑世纪城的地下空间规划，而是自成体系。究其原因，与国外成熟的管理体系、全方面开发的公司相比，国内更为依赖更高层次的管理统筹。钱江新城是杭州市政府集合全市乃至全省之力建设而成，而钱江世纪城仅为受区政府管理的街道在实施建设。市国土、市铁路公司、市规划局更是其上层管理部门，钱江世纪城管委会无权也无力统筹协调，与钱江新城不可相提并论。并且就萧山区内部而言，钱江世纪城也是与萧山经济技术开发区、空港经济区、萧山科技城、湘湖旅游度假区同时作为区级相互竞争关系的项目存在，其能够动用及获取的资源和优势极为有限，这也是造成其地下空间开发建设与钱江新城巨大差异的根本原因。同时好的实施案例如广州金融城，由副市长主抓，短期内协调多个部门，从规划到施工设计再到实施，仅用了三年，创了广州之最。

2. 建设和经营上的不成熟

目前，城市核心区大规模公共的地下空间开发建设一开始就成功的案例并不多，一般存在两种情

况，一是由于项目时间上的差异，地下工程建成后会短期搁置3~5年后投入使用，造成维护上的负担和社会负面影响；二是由于公共地下空间的开发商一般不是大型的地产商，在经营上不成熟，做不到同步建设同步招商，在地下空间的商业引入和管理上远远达不到要求。或者两者共同影响，尤其是在新区，区域的成熟需要时间，先期建设的地下空间工程会有较长时间缺乏人气。例如杭州钱江新城的波浪文化城和上海十六铺地区的地下空间都是建成后几年内颇为冷清，主要原因是国内缺乏成熟的地下空间开发运营商，现有的大型房地产商并没有进入这个领域。

实际上集中的大规模地下空间开发成功，地点是前置限制条件，主导因素是价格和实施难易程度。一是老城核心区的改造，最有商业价值，能够做到建成即使用。但是改造成本高，拆迁难度大，建设过程对城市生活干扰大。一般在绿地、广场及商业区主要道路下面实施。二是新城核心区，建设成本低，容易拆迁，但是投资期长，需等待周边地块的成熟，容易造成一定时期的空置。

现在大行其道的综合管廊从成本和管理上考虑，在一二线城市非常有必要，而且综合效益不错。但实际上，一二线城市核心区只有在改造升级时，才有可能大规模建设地下管廊，并着手解决已有或已建成的市政设施的主管各部门的责权利共享的问题。相反一些三线城市，甚至四线城市在新城大规模建设，主要是没有拆迁，成本低，易于实施，并且与道路可以同步建设。但由于处于三四线城市的新城需要更长时间综合管廊形成和完善，所以存在更长的空置期。

3. 不重视系统，头痛医头，导致设计和开发的失败

地下空间的设计和开发需要交通、市政、人防等主要的多个层面的协同，是一个系统工程，单独规划或建设部门实施上会有偏差。其中，交通是主导因素，市政是支撑，人防是标准。由于短期内看不到，或不容易见成效，同时开发资金不充裕，导致了对地下建设的长期不重视和投入少。往往建成不久的新区就产生交通拥堵、市政缺乏和停车的困扰。例如北京，在奥体中心、中关村西区及金融街几个城市核心区都建成了跨街坊的大型单循环的地下停车系统。虽然地下空间的规划设计是必要的，出发点也是好的，但由于方方面面的原因，如未对以交通为主的系统评价分析，体制上的僵化，认识上的局限，以及管理上的粗糙，造成使用效果不如人意，产生出入口堵死、巨体量地下停车的迷宫、无法准确定位到达目标等地下问题，造成现实的地下空间的资源浪费。单个车库地下环形组织的高效不等于跨街坊的有效性，大体量导致地上和地下无法准确对应，带来地下车行的盲目，而低效的管理会加重，造成灾难的后果。

三、设计原则

基于以上几大问题，地下空间设计开发应该把握以下5个原则，同时处理好设计与开发之间协调与后期服务的关系。

1. 胆大心细，充分研究论证

城市开发建设是个系统、复杂的过程，尤其是在高密度城市核心区，规划的编制是一个前置条件。地下空间规划需要充分展望发展前景，与实际相结合，体现胆大心细，做好预留控制，分期开发建设。充分的研究论证是必需的，尤其对于地质条件的影响分析、市政设施的综合分析、静动态交通的预测分析、商业的功能业态分析，地下的联通分析等等。对于城市核心区，前两个不是必需的，后三个却是必不可少的。

2. 交通优先考虑，市政必须配套

地下空间开发的前提一般是解决城市问题，尤其是交通与市政问题。现阶段交通专项规划大部分只是考虑地上产生的交通量，未计入新增地下设施产生的交通量。然而对于城市核心区会有大量地下商业服务设施，能产生大量新的交通量（人行和车行）和停车量。那么，计入地下开发量之后，到底区域停车容量是多少、高峰期地面交通可否解决、路网规划与未来交通和停车是否充分结合等等问题，交通规划都未能涵盖予以解决，尤其是老城区停车配套难问题。目前各城市也多是采取补救工作，将交通规划视做解决交通堵塞的救命稻草，将地下空间规划作为解决停车难的必要途径，但两者多是分开考虑。交通问题主要包括地面交通流疏导和静态停车两个方面。涵盖了过境交通与本地交通的分离，停车的交通组织，地下人流的集聚与疏散，地面的动态交通流与地下停车的静态交通的完善链接等内容。高密度城市核心区的地下

空间设计只有优先考虑和解决交通问题,才能引导城市朝可持续方向发展。

地下空间开发必须考虑市政配套的结合,现阶段全国正大规模展开综合管廊和海绵城市的规划设计和实施工作。尤其是综合管廊,要充分考虑过街通道的预留,否则管廊一旦建成,相当于在地下10m范围内形成一个隔断,新的连通必须在其之下,这使多个地块间的地下商业服务空间的连通变得极为困难。考虑到人行习惯和商业价值,尽可能将浅层地下空间做好充分利用和预留控制,设计要详细考虑综合管廊的避让,或者一体化,不要给未来的发展留下遗憾。

现在在很多城市核心区,如广州、昆明、上海等都已经将城市交通、地下空间开发与市政配套综合一体化进行规划设计。

3. 辅助地面,配套商业,引导业态

地下空间为更好地服务于城市核心区,功能上是对地面功能的补充和完善,起辅助作用。由于核心区地价比较高,更容易吸纳金融商务办公设施进入,满足不同消费需求的商业和服务网点分布自发形成几乎不可能,而为之配套的小型餐饮、便利店等设施由于地价问题更难以进入。这在上海陆家嘴的初期建设尤为明显。地下空间利用配套商业的服务能很好地解决这个难题,大量职员可以进入地下空间,获取价格适宜的快餐服务,体验休闲购物和下沉广场的休憩放松的感觉。所以地下空间本质是辅助地面,商业以配套完善为主,多数业态为中低端。尤其是与地铁连通后,需要满足大人流的快速服务需求,功能主要为快餐、超市、娱乐、休闲,以年轻人为主的消费业态引导。

4. 地上地下作为一体,统一设计

地上与地下空间作为不可分割的一体,需要统

一进行规划设计。尤其是在城市新区的核心区,公共地下空间一般位于规划的大型公共绿地和广场之下,采用明挖施工方式,最好一体化规划设计,同步建设实施。以免二次重复建设,造成损失。这就需要在交通、景观、设施配套几个层面同时考虑三维一体化的设计,首先交通要立体设计,通过下穿隧道分流过境交通,通过地上地下停车场库解决静态交通,通过下沉广场、地下出入口、步行天桥、过街地道引导好慢行交通,并将地下轨道站点与地面的公交车站紧密衔接。整个空间景观需要结合交通,主要是人流,进行三维再设计,通过地上和地下植被和垂直绿化的引入,将地面空间设计手法竖向表达,地上体现观瞻,地下体现安静,打造尺度宜人的空间景观。方便行人的设施配套也需要在竖向三个层面重新进行布置,既延伸了服务,又提高了商业效益。

5. 技术支持、分期实施

高密度城市核心区的地下空间设计和开发需要,一是超强专业性和执行力的行政机构管理,二是需要全专业同时的协调配合,三是在此基础上的全方位技术的支持,相互之间弥补缺漏。地下空间施工技术的成熟,可以最大限度地减少对地面建筑的影响,地下工程结构设计技术可以解决软土地区基坑施工,地下空间的环境设计技术满足人们对环境质量更高的要求,安全与防灾救灾技术能够抵御空袭、地震等各种人为与火灾、洪涝等自然灾害,以及各种环保节能新技术,如垂直绿化、雨水收集和下渗。而地下空间统一设计,分期实施保证了地下空间的完整性和可行性。

四、设计与开发相协调

地下空间的设计与开发相辅相成,设计是为了

更好的开发。依据设计与开发之间的先后次序,可以分为设计指导开发、设计与开发同步和设计弥补开发三个阶段。

1. 设计指导开发

这种的方式最为普遍,对新老城区均有效。尤其是在新区,更方便实施。通过系统的地下空间规划设计来指导下一步的具体开发,专项规划落实总体规划要求,选择开发重点区域及分期实施。详细规划解决具体设计要求,强化与具体项目的对接。这种方法由于其系统性和完整性,可以事先发现和解决战略性的问题,在大的结构和功能方面容易和各部门统一。但是实施难度相对较大,未来变化的因素多,对精细化管理要求很高,在一线城市更易于实施。如上海世博园央企总部,已经建成28幢大厦45万m²的一体化地下空间。未来的世博园区,地上是低碳绿色的生态公共活动中心,地下是全部贯通的超大型"地下城市"综合体,总体量将超过100万m²。

2. 设计与开发同步

针对一些政府性的新区开发工程,在完成地面规划设计之后,已经开始七通一平的基础设施建设。这时候地下空间设计接入,形成了项目开发与设计的同步进行。设计与开发互相协调,不是互相制约的矛盾体,而形成了紧密的目标共同体,目标就是地下空间的建成。设计不再是纸上谈兵,要兼顾开发商的利益,有利于实施,开发也不是仅仅为减少成本对设计形成制约。广州金融城就是招商与规划设计同步展开,从而比较好按照原规划整个实施建设。

3. 设计弥补开发

已经部分或者大部建成的城市核心区,由于各种原因,相邻地块地下空间不相连接,大部分人流需

要通过地面连接，有的通过天桥解决人行与车行的冲突。但是城市核心区往往有多条地铁线路经过，设置有多个站点，人流量巨大。简单的一两座天桥并不能缓解地面交通压力，也给非观光的行人上上下下造成负担，这就需要地下空间通道将主要的地下商场予以连接，缓解地面压力的同时增强了地下活力，这种情况在一些城市已经建成的核心区极为常见。在开发完善过程中需要制定系统详细的地下空间设计，与原有和新建的建筑项目无缝对接，达到建筑设计深度。同时通过景观设计来弥补地下文化氛围的缺乏。

比如在上海陆家嘴，由于没有统一的地下空间的规划，没有预留地下通行设施，修建了二层连廊解决楼宇间交通。后在上海中心项目确立之初就有意弥补地下通行设施的缺憾，通过地下来连通陆家嘴的三座摩天大楼，形成立体交通网络，最大程度缓解客流疏散问题。除了采用技术手段，还需要对建筑地下墙体进行加固、对不符合施工条件的情况进行调整，更需面对地下不可预知的风险……造成实际的成本极高，施工难度极大，而这些其实是可以避免的。正是由于先前地下空间的规划设计不够，很多城市核心区存在着先地上后地下的现象，不仅是地下人行设施，还有地下排水设施，每年暴雨都让不少城市"看海"。

在实际的地下空间开发建设过程中，往往三种方式同时或者分期存在。

五、开发对设计的逆要求

地下空间开发同时也会对设计提出要求，通过设计的改进和完善，使之更加贴合实际开发建设，更具有指导作用。

1. 专项规划引领，详细规划衔接

地下空间专项规划能够在概念上解决发展方向、功能定位和大致规模深度及连通的必要性等主要问题，详细规划才能充分对接具体项目的建设需要，详细确定以上业主需要的具体指标和控制要求。对于具体项目的开发，业主更为关心自身的控制要求，如地下空间规模、功能、深度、连通要求和出入口设置等等。这需要专项规划做好引领的同时，指导政府的招商引资，应考虑将规划布局和项目管理充分结合，以招商手册方式给予政府便利，同时也保证了规划的后续实施。详细规划更应面向实施建设，在设计阶段能够模拟或者部分参与政府的项目引入的工作，积极与开发商和业主单位对接，在保持公平公正的前提下，参与制定能够实施

落地的指标体系。

2. 严格控制公共的，引导好自有的

实际在建设过程中，由于做不到对未来市场的准确预测，过多过严的控制不利于自有地块的地下空间开发建设。存在着增加和减少地下空间开发规模的两种情况，笔者都碰到过。如在广州金融城两条地铁交汇的地块，绿地集团希望将原五层地下空间增改为七层。在众多二、三线城市，由于经济下滑，很多开发商在拿到土地后，依程序更改指标，减少地下空间面积，目的是降低土地出让金和地下开发成本。

所以控制好公共地下空间，引导好自有地下空间作为目标，采用分级、分层进行管控，实现地上地下一体化建设的控制与管理。采用规定性和引导性两类指标，制定地下空间控制图则，将地下空间纳入法规，进行分层规划、控制和管理。

3. 工程技术的衔接

地下空间的开发建设，与很多工程技术紧密相关，都需要在规划设计阶段予以考虑，尤其是详细规划。前面在技术支持层面已经谈到一些地下空间开发建设的技术，这里主要是针对影响详细设计布局的工程技术的衔接，比如海绵城市中雨水下渗技术对地下空间建筑密度的限制，采光通风技术对于地下开敞空间、下沉广场绿地、步行出入口的位置安排，标识引导技术对于人流的组织等等。地下空间新技术和方法的引入会对其布局和利用产生新的变革，如地下空间深度的增加，上海中心城区正在建设中的北横通道工程，利用地下空间的深度已达48m；新的大尺度空间的安排及安全、防灾的需求，反过来会对地下空间布局提出新的要求，甚至影响到相关法律规范的修订和出台。

六、结语与反思

未来随着中国城镇化进程的不断加快，城市人口越来越多，土地资源更加珍贵，尤其是城市核心区。在国家大力支持下，大规模地下空间开发仍将继续在各个高密度城市核心区上演。但是，对于设计者而言，应该保持清醒的头脑，既不要对现状经济带来的影响悲观，也不要盲目追求地下空间的大体量新技术的设计。对于高密度城市核心区地下空间设计要明晰基本的实用的原则，改变原来规划服务领导的立场，主动与开发密切结合，引领地下空间设计向宜人、低碳、经济的可持续方向发展。本文结合案例的一些基本原则，希望能够脱离宏观的

空泛的指导，但是就具体的内容，仍需要进一步明确相关内容和标准。

注释

① 李克强总理高度重视地下管网等城市基础设施建设，张高丽副总理对地下管线和综合管廊建设提出工作要求。中国城市规划设计研究院水务与工程院副院长谢映霞指出一是选择在高密度建设地区，促进城市集约高效和转型发展，有利于提高城市综合承载能力和城镇化发展质量。

② 国际现代派建筑师的国际组织，编写为CIAM。1933年CIAM第4次会议通过了《雅典宪章》，标志着现代主义建筑在国际建筑界的统治地位。

③ 早期万达集团车库的设计要求为减少成本尽量避免地下，三四代综合体后纳入其强制要求。五角场新建成的合生国际广场地下两层商业。

参考文献

[1] 曾坚，王乔. 高密度城市中心区常态防灾规划策略研究[J]. 建筑学报，2012.

[2] 罗周全，刘望平，刘晓明，等吴亚斌，杨彪. 城市地下空间开发效益分析[J]. 地下空间与工程学报，2007（2）：5-8.

[3] 新华每日电讯6版. 地铁建设持续升温. 地下空间开发之乱谁监管. [EB/OL].http://news.xinhuanet.com/mrdx/2013-05/09/c_132367153.htm,2013-05-09/2016-05-30.

[4] 周炳宇. 面向实施管理的大城市地下空间规划：以广州国际金融城起步区地下空间控制性详细规划为例[J]. 理想空间，城市地下空间规划与设计，同济大学出版社，2015（09）. 50-55.

[5] 姜丽钧. 上海距浦江最近的超级地下工程：世博园央企总部地下空间完工[EB/OL].http://sh.eastday.com/m/20150513/u1ai8709798.html,2015-05-13/2016-05-31.

[6] 李继成. 陆家嘴四大高楼地下通道揭秘[EB/OL].http://news.hexun.com/2013-11-28/160106935.html,2013-11-28/2016-05-31.

[7] 解放日报，上海的深层地下空间利用起步. 北横通道深过地铁[EB/OL].http://www.sh.xinhuanet.com/2015-08/02/c_134471568.htm,2015-08-02/2016-05-30.

作者简介

周炳宇，上海同济城市规划设计研究院，城市交通与地下空间研究所，主任助理，工程师，国家注册城市规划师。

4.世纪城轴线地下剖面
5.钱江新城

1.文化旅游健身区节点—效果图
2.规划特色分析图

城市中心区域的城市设计策略与特色分析
——以昆明巫家坝新中心概念性城市设计为例

Analysis of City Center Area of Urban Design Strategies and Characteristics
—A Case of Kunming Wujiaba New Center Conceptual Urban Design

陆 地
Lu Di

[摘　要]　本文以昆明巫家坝新中心概念性城市设计为例，基于巫家坝城市空间特点、风土人情、文脉把握，探索城市中心区域的城市设计特色与发展创新策略，进一步提升城市设计的可操作性和长期指导性。

[关键词]　巫家坝；城市中心；城市设计；特色

[Abstract]　In this paper, the new center of Kunming Wujiaba conceptual city design as an example, the characteristics of city space, grasp the Xiangjiaba, explore the design of context based on local customs and practices, the characteristics of city development and innovation strategy of city center area, to further enhance the city design and operational long-term guidance.

[Keywords]　Wu Jiaba; City Centre; Urban Design; Characteristic

[文章编号]　2016-75-P-012

一、项目背景

巫家坝地区位于昆明市区东南部，距离主城中心区约3km，距呈贡中心区约15km，是包含现巫家坝机场及周边区域在内的城区。2012年，巫家坝机场的停用为昆明市留下了9.87km²的土地可以重新开发利用，可以称为昆明主城区仅剩的最有价值的土地。

巫家坝地区处于未来由主城区、环滇发展带、空港新城、滇池西山构筑的昆明中心城区域的地理

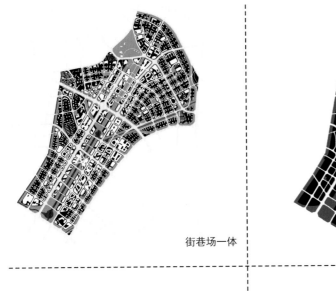

街巷场一体

密路网易行

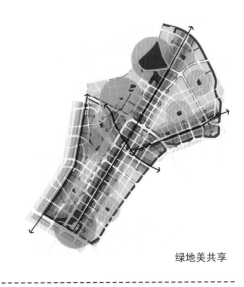

绿地美共享

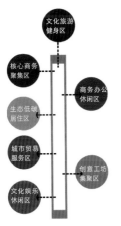

文化旅游健身区

核心商务聚集区

生态低碳居住区

城市贸易服务区

文化娱乐休闲区

商务办公休闲区

创意工坊集聚区

活力新中心

上下立体街

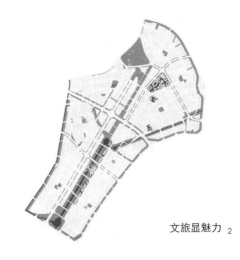

文旅显魅力 2

"中心"，是实现昆明市中心城总体架构的核心区域，同时也是实现昆明城市主导产业发展、城市生活转型、城市中心提升的关键区域。因此，结合昆明城市的发展思路，通过对该地区功能和城市形象的再造，有效引导巫家坝地区未来的开发建设，是本次规划设计项目的着眼点。

二、基于现状基础的规划思路

如何与老城建立有机和谐的发展关系？如何显山露水，突出环境效应？如何协调生态绿地、水系资源的保护与土地资源的合理使用？这些都是巫家坝地区未来面临的一系列问题。为此，规划在结合详实的现状分析基础上提出以下基本思路。

（1）对基地内已有肌理及文化历史符号应有较好的保护和延续，提升地块的文化价值。保护、利用文物建筑，保留有价值的工业建筑，纳入整体规划，并强化其特色。

（2）有效梳理规划区域内水系景观系统，打造层次丰富、独特的亲水景观；在保护和利用好现有绿地的前提下，适当增加地块的绿地空间和景观小品，提升地块的景观价值。

（3）用地功能的重新整合与定位，加强公共空间的活力，强调用地的紧凑开发。

三、基于目标定位的总体构思与策略

在分析规划区内及周边区域功能要素的基础上，提出昆明巫家坝片区的目标定位为：具有春城特色的巫家坝城市新中心，面向东南亚的桥头堡，生态、产业、宜居功能复合城，以及世界级文艺休闲商旅城和世界级旅游城市的重要载体。

（1）文化复兴之城——特色文化提升，人文休闲体验的魅力之城。

（2）产业集聚之城——现代服务集群，功能多元复合的活力之都。

（3）生态宜居之城——水绿交融共生，健康多元和谐的宜居之地。

1. 城市设计构思

（1）功能提升

巫家坝地区的规划应重点考虑在交通、功能上更好地沟通相邻的各个城市片区，尤其对相关的交通换乘、地下空间和设施等给予重点关注，将其打造成为现代城市新中心的样板。

作为未来昆明市级公共服务新中心，这一构想应以巫家坝地区业已形成的功能特色为基础，通过巫家坝机场地块的规划充实、完善、提升该片区功能。

（2）交通梳理

巫家坝地区未来的交通规划应重点关注区域之间的通达性，并以此打破区域原有的交通瓶颈。向东携手呈贡新区、向西承接老城、向南连接滇池环湖公路、向北贯通机场走廊。

而在区域内部，应重点关注区域组团之间的联

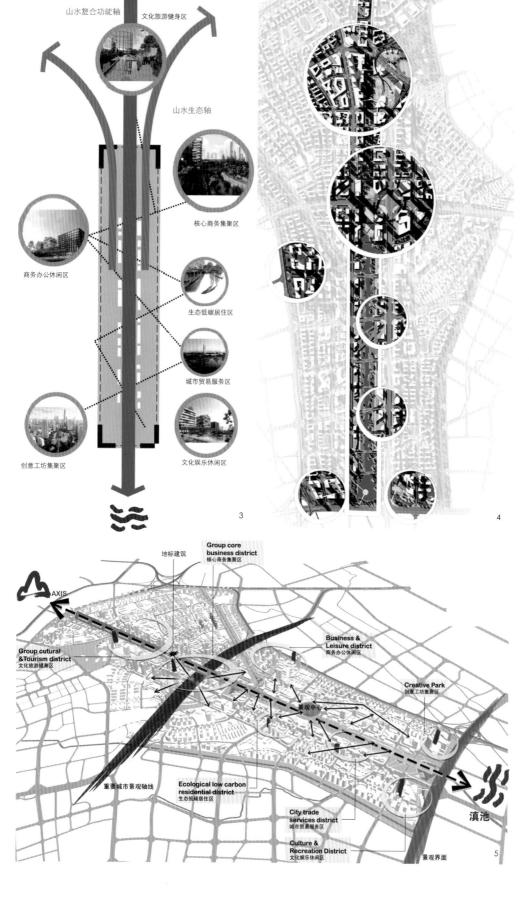

3

4

山水复合功能轴
文化旅游健身区
山水生态轴
核心商务集聚区
商务办公休闲区
生态低碳居住区
城市贸易服务区
创意工坊集聚区
文化娱乐休闲区

Group core
business district
核心商务集聚区
地标建筑
AXIS
Group cutural
&Tourism district
文化旅游健身区
Business &
Leisure district
商务办公休闲区
Creative Park
创意工坊集聚区
景观中心
重要城市景观轴线
Ecological low carbon
residential district
生态低碳居住区
City trade
services district
城市贸易服务区
Culture &
Recreation District
文化娱乐休闲区
景观界面
滇池

5

3~4.规划特色一活力新中心
5.城市设计框架示意图
6.总体效果图

系，形成若干快速通廊，增加区域内部的可达
性，并充分发挥巫家坝地区作为轨道交通枢纽
的价值，推动区域价值的整体提升。

2. 城市设计策略

增强巫家坝地区的凝聚力、亲和力，运
用生态城市理念解析城市（即人、社会）与自
然的关系，增强人、社会与自然环境的交融
性，通过城市空间结构的分析与控制及景观体
系的建立，达到社会、经济、环境的和谐统
一。打造"梦幻都市、昆明新中心"主题。

（1）总体空间：自然环境优美，空间结
构特征明确，公共活动丰富，以中高层建筑为
主的整体城市空间形态。

（2）交通系统：加强巫家坝地区与昆明
老城区的联系，形成完善的交通系统。

（3）居住功能：满足居住的多元化需
求，增强对周边地区的吸引力。

（4）城市环境：加强城市生态网络建
设，形成水绿交融的城市生活环境。

（5）城市形象：完善的配套设施，规模
的居住社区建设，文化特色的体现，社会与
自然的和谐统一。

四、城市设计特色分析

1. 城市设计总体框架

规划从整体层面考虑城市形态，创造富
有特色、富有活力与魅力的城市空间。将自然
景观与人造环境有机结合，塑造富有场所感的
活动场所。突出重点设计的地标、节点、轴
线、通廊及开放空间要素。

规划巫家坝新中心城市设计框架为：显
山露水，纵贯南北；沟通东西，承接历史。

2. 整体空间特色

（1）街巷场一体

立足以人为本原则，营造宜人空间尺
度，街巷场有机于一体。

体现以人为本的原则，通过将街巷及广
场公共空间的有机整合，营造宜人的空间尺
度。一般时段，广场周边道路作为车行道使
用，特殊时段部分车行街道转变为人行步道，

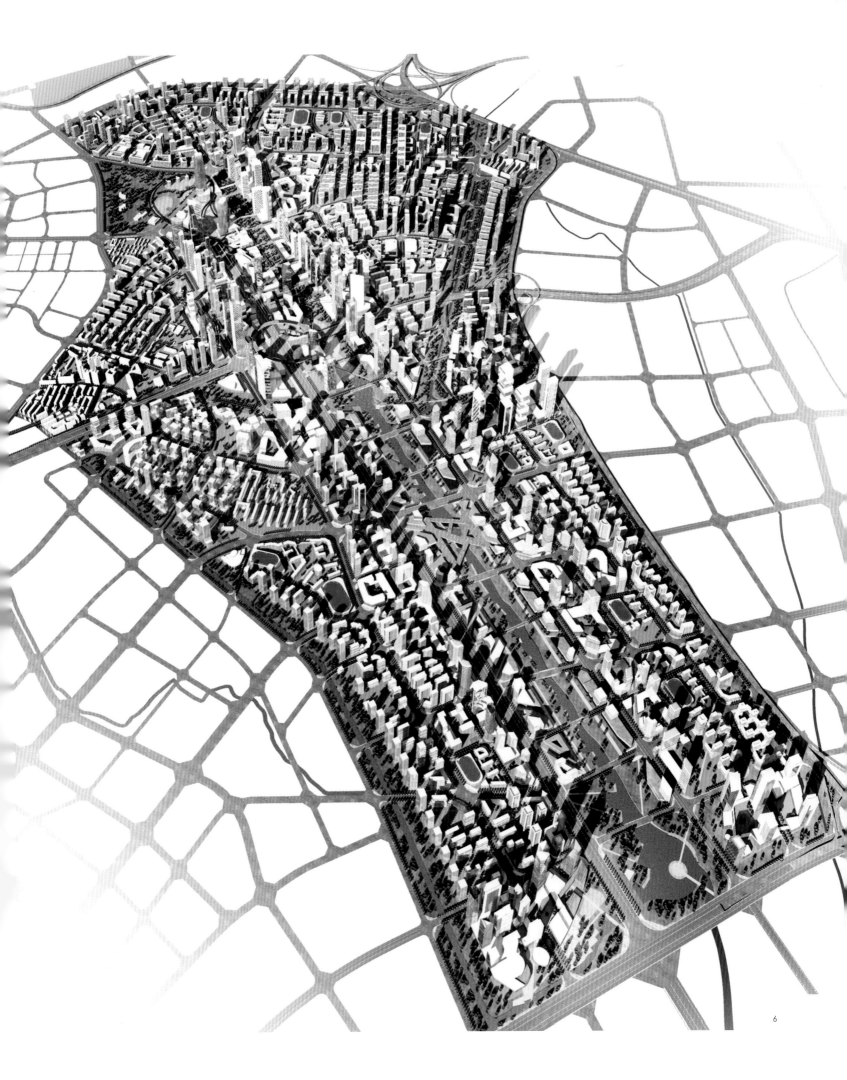

6

7.核心商务集聚区节点—效果图
8.山水复合功能轴节点—综合分析图

形成街场一体，扩大公共开发空间，同时提高空间的使用效率。

（2）密路网易行

集聚紧密的城区结构、便捷的步行距离；美妙连续的空间、高度混合的垂直功能；活跃的建筑底层、精彩的建筑与低层细部。

借鉴国内外重要城市中心商务区的城市建设经验，立足以人为本的设计原则，采用"集聚紧密"的城市结构。在城市主次干路的路网框架下，增加支路网密度，在核心区形成以150m×200m大小街坊为代表的街区尺度，营造宜人的街道空间尺度。

网格状小街区结构组织高密度综合开发地区，提供便捷和高效的可达性。织网密布的空中大平台，强化步行空间的舒适性，增加开放空间和公共交流场所。

（3）绿地美共享

绿楔广场，配置均好；开门见绿，处处有景；户外休闲，生态多样。

构筑点、线、面相结合，绿地与水系、广场相结合，网络式的公共绿地系统。提供市民层次分明的开放的公园系统，以游憩使用为目标，并结合公共服务设施布局，塑造开门见绿、处处有景并充满活力的巫家坝地区景观新形象。

（4）活力新中心

绿脉延展，七心塑城；水绿交融，功能复合。南北绿轴，山水相连；传承历史，特色营造。地下南北贯通，缤纷七彩长虹，串接七大核心。

构筑山水生态脉络，以七彩活力展示带为依托，通过生态绿道和景观水系将片区内七大功能核心进行串联，同时整合一系列公共空间，融入历史、文化元素，打造巫家坝活力新中心。

（5）上下立体街

高架平台，空中连廊；人车分流，观景休闲。增加公共活动空间，联接拓展商业空间。

高效利用土地，创造垂直城市街区；构建地下、地面、高架交通立体网络。通过高架连廊及绿化平台实现商业活动空间的有效连接，同时增加公共活动空间，人车分流，"动""静"有序。

（6）文旅显魅力

文脉延续，因应创新；多元融合，提升软实力。时空交融，扩大文化影响力，传承地方传统文脉，促进多元文化交流。肌理特色，创造空间识别性，整合城市空间肌理，节点空间特色营造。

3. 绿地景观特色

根据总体布局，利用景观水体、道路、广场等公共开敞空间，采用点状、块状和带状相结合的布局手法，形成生态网络，塑造有机的、充满活力的巫家坝地区城市绿地景观系统新形象。

（1）增强景观水系的连通性

对巫家坝地区原有水系进行梳理，使生态景观

图例

① 公交首末站 ② 空中商业步行街 ③ 飞虎广场 ④ 松园 ⑤ 步行连廊 ⑥ 梅园 ⑦ 竹园 ⑧ 桂花园 ⑨ 巫家坝中心站 ⑩ 地下公交枢纽站 ⑪ 荷花园 ⑫ 航空博物馆 ⑬ 飞行俱乐部 ⑭ 特色小吃街 ⑮ 时尚秀场 ⑯ 驼峰航线馆 ⑰ 灞桥烟柳 ⑱ 文化广场 ⑲ 自然博物馆 ⑳ 艺术文化馆 ㉑ 抗日博物馆 ㉒ 云津夜市 ㉓ 创意休闲馆 ㉔ 画廊 ㉕ 民俗博物馆 ㉖ 酒吧休闲区 ㉗ 景观喷泉 ㉘ 露天剧场

N

0 250 500 1 000m

河道和入滇河道有效衔接，共同构筑区内生态景观河道的主体脉络。同时保证入滇河道成为本片区重要的防洪排涝通道。在保证水系安全的条件下，形成"水清、岸绿、景美、游畅"的水系新景观。

（2）增强景观绿化的网络性

融入大山水，串接山、水、城；架构自然山水活力景观轴。以水系、绿地为背景，通过规划有效梳理，形成绿地、通廊、建筑、水系有机组合的绿化景观体系。

（3）增强山水走廊景观的识别性

贯通生态、人文热点区；引导城市走向山水生态与文化繁荣。强调片区的城景交融与山水视线走廊，将自然生态与片区有效结合，强化片区的识别性和不可替代性。

4. 生态低碳特色

总体上强调营造大环境、大气候，承启南北山水关系。一方面，自然格局要体现北面靠山，南面眺海；南北绿轴，山水相连。另一方面，生态网络要体现滨水长廊，绿线交织；环网相扣，生态均好。同时，更重要的是突出巫家坝地区生态低碳内涵：高品质的居住环境、便利的社区服务设施、绿化和开敞空间、文化和知识型设施。

（1）慢行系统

建立上下立体慢行空间、连接人文自然景点、衔接轨道交通站点。适宜的小尺度街区由大容量公共交通系统支撑，提倡公交优先，同时步行系统与自行车慢行系统有机衔接。

以七彩活力展示带和生态绿带为依托，并与片区主要的滨水空间连成一体，设置自行车专用绿道，结合步行路线设计，从而形成慢行优先区域。通过合理的交通引导，降低慢行优先区周边道路车速以保障慢行交通安全。

（2）绿色建筑

在片区采用节能低碳的生态技术，如太阳能热水器、节能灯具等生态技术和设施，倡导节能减排。同时规划绿色建筑，严格执行一星、二星、三星的绿色建筑标准。

5. 夜景照明特色

打造昆明未来华彩乐章，巫家坝梦幻都市。烘托巫家坝城市新中心景观特色，对地标建筑、高架步廊、绿地、道路、水岸实施不同层次的照明手段，达

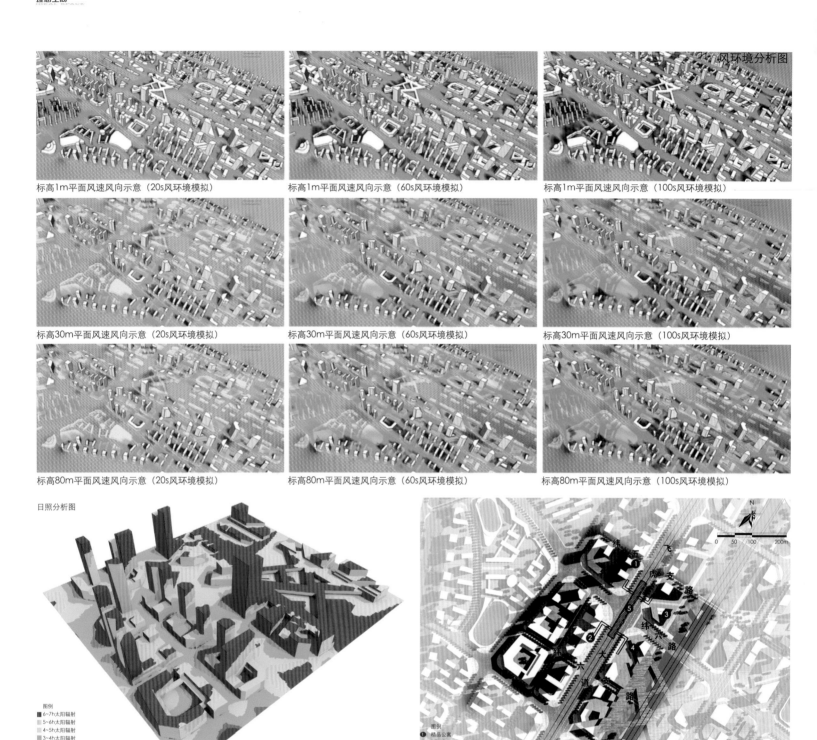

风环境分析图

标高1m平面风速风向示意（20s风环境模拟）　　标高1m平面风速风向示意（60s风环境模拟）　　标高1m平面风速风向示意（100s风环境模拟）

标高30m平面风速风向示意（20s风环境模拟）　　标高30m平面风速风向示意（60s风环境模拟）　　标高30m平面风速风向示意（100s风环境模拟）

标高80m平面风速风向示意（20s风环境模拟）　　标高80m平面风速风向示意（60s风环境模拟）　　标高80m平面风速风向示意（100s风环境模拟）

日照分析图

图例
■ 6~7h太阳辐射
□ 5~6h太阳辐射
□ 4~5h太阳辐射
□ 3~4h太阳辐射
□ 2~3h太阳辐射
■ 1~2h太阳辐射
■ 0~1h太阳辐射

风速（m/s）
图例 0.00　1.25　2.50　3.75　5.00

图例
❶ 精品公寓
❷ SOHO
❸ 文化活动中心
❹ 商务中心
❺ 空家坝南站

到特色突出、标志鲜明、整体和谐、梦幻浪漫的夜景效果。

五、重要节点设计引导

1. 山水复合功能轴

山水生态长廊，文化旅游长廊，历史记忆长廊。体现七彩春城，打造文化秀场，形成绿色经济城市发展带。

保留原机场跑道的记忆，以一条南北向绵延的中央景观河为表现形式，结合两侧滨水服务空间及绿化休闲带，创造景观中轴线。滨水公共建筑多为高品位的文化休闲设施，体现昆明休闲城市的形象，创造一条文化旅游长廊。

2. 文化旅游健身区

立体街区、空中连廊、人车分离、生态低碳。

围绕轨道交通官渡森林公园站点，形成一处核心区域，以超高层地标建筑、商业文化娱乐设施和广场绿地形成大疏大密的空间对比，具有金融贸易、总部办公、会务会展、商务酒店、电影院、音乐厅、生态剧院、商业服务、旅游接待等综合功

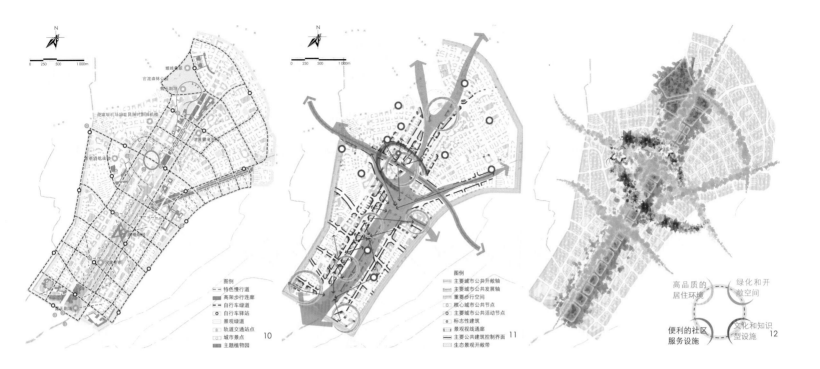

能，空中商业步行街联结各建筑与设施，形成立体便捷的服务网络。

3. 核心商务集聚区

活力提升、有机生长；环状联系、向心发展。

围绕春城路和飞虎大道道路交叉口，结合轨道交通巫家坝中心站点，高强度开发核心商务集聚区，通过环形的空中绿化连廊和景观水面，将总部办公、金融服务、星级酒店、大型商业等设施有机结合在一起。提供高端的一站式商业休闲服务，成为金融贸易、商务办公、商业休闲的城市核心。

4. 商务办公休闲区

立体开发、网络复合；产业提升、特色营造。

围绕轨道交通昌宏西路站点，形成商务办公休闲区，商业商务综合体开发通过步道、连廊及绿地等，使整体区域与周边道路、水系、公交和轨交站点等设施有机联系为一体，高品质的内向型绿化环境实现高强度开发与开放空间的完美融合。

5. 生态低碳居住区

生态示范、宜居宜业、混合社区。

围绕轨道交通巫家坝南站站点，进行适度的高密度土地开发。立足以人为本的原则，形成生态低碳居住区，通过高端居住区建设，结合商务办公和文化活动中心等配套设施，创造生态和谐的城市区域。

6. 城市贸易服务区

滨水筑城、景城互融、阶梯发展。

围绕轨道交通向化北站站点，形成城市贸易服务区，结合东侧中央景观河建设，形成与水系垂直发展的阶梯式的建筑天际线，配套商务办公与公共休闲设施，创造城市活力中心。

7. 创意工坊集聚区

活力创意、产研结合；多元复合、景观均好。

位于中央景观河的南端，依托尽端优势与轨交站点，形成时尚活力的创意工坊集聚区，以高新产业、创意文化、生产研发、居住服务为主要功能，创造宜居宜业，宜工宜商的多元复合的城区。

8. 文化娱乐休闲区

紧凑发展、低碳高效、园林办公、宜居易业。

位于中央景观河的南端，靠近轨道交通向化站站点，两面环水，一面开敞。规划文化传媒信息综合体和大型商业中心等设施，绿化设施与建筑楔状结合，创造环境宜人的园林式办公空间，与商住设施相配套，形成宜居、易业的城市特色地段。

参考文献

[1] 齐岸青. 城市文化思辨 [M]. 长春: 吉林文史出版社, 2005.

[2] 夏南凯, 王耀武. 城市开发导论[M]. 上海: 同济大学出版社, 2003.

[3] 汪光焘. 中国城市规划理念: 继承、发展、创新[M]. 北京: 中国建筑工业出版社, 2008.

[4] 戴光全, 保继刚. 99世博会对昆明城市形象的影响研究[J]. 人文地理, 2006 (1).

[5] 姚南. 智慧城市理念在新城规划中的应用探讨: 以成都市天府新城规划为例[J]. 规划师, 2013 (2).

[6] 赵四东, 欧阳东, 钟源. 智慧城市发展对城市规划的影响评述[J]. 规划师, 2013 (2).

[7] 上海同济城市规划设计研究院. 昆明巫家坝新中心概念性城市设计说明书[R]. 上海同济城市规划设计研究院十所编制, 2013.

作者简介

陆地，上海中森建筑与工程设计顾问有限公司，规划总监，国家注册规划师，高级工程师。

9.生态低碳居住区节点一综合分析图
10.慢行系统分析图
11.景观空间规划图
12.生态低碳示意图

大尺度城市高密度建设区的规划布局
——广州南沙新区核心起步区城市设计

The Planning and Layout in High-density Development Area
—Urban Design of the Core Area in Guangzhou Nansha New Area

于润东 曹宇钧 李仁伟 黄嫦玲 鲍 茜

Yu Rundong Cao Yujun Li Renwei Huang Changling Bao Xi

[摘 要] 广州南沙新区作为国家战略的粤港澳合作示范区、国家级新区和自由贸易区，其城市的高密度建设区的打造不同于一般城市。规划确定了"南海魅力湾区、岭南智慧水城"的整体城市空间愿景：将南沙新区核心区的高密度建设区用"核心突出、分散布局、相互呼应"的方式，打造围绕大湾区的大核心区；并充分尊重地域文脉的传承，在组团内部延续自然河涌与传统村落融合的"一涌一村"的肌理，形成近河涌低层高密度、远离河涌或临近港湾高层高密度的成地模式，作为南沙新区新型城市化空间营造的基本手法，将高密度建设区的高层建筑与低层街区交织间错，融合共生，达到追求土地效率和空间特色的平衡。

[关键词] 国家级新区；大湾区；岭南文脉；新成地模式

[Abstract] As the Guangdong-Hong Kong-Macao cooperation demonstration zone, the state-level New Area and the free trade zone supported by our national strategy, Guangzhou Nansha New Area is a high-density development area whose construction is different from other cities. The overall vision of the area is to build its urban space "a Charming Bay Area in the South China Sea and a Smart City in South of the Five Ridges". A large core area around the Big Bay Area is to be built in the high-density development area of Nansha New Area's core area by means of "stressing the core value, scattering the layout and connecting the whole city". Fully respecting the regional cultures and continuing the traditional arrangement of "a village besides a river fork", which formed by the composition of natural river forks and traditional villages, a geographical model of low-rise high-density river forks, away from the river forks and near the high-rise high-density harbour has been shaped. As a basic construction method of the creation of new type of urbanized space in Nansha New Area, the high-rise buildings will be mixed with low-rise urban blocks in high-density development area to achieve the balance between land-use efficiency and urban space features.

[Keywords] State-level New Area; Big Bay Area; Cultures in South of the Five Ridges; Geographical Model

[文章编号] 2016-75-P-020

1.鸟瞰效果图
2.城市设计总平面

一、规划概况

南沙新区位于广州市南端，处于粤港澳地区的核心位置。2012年9月国务院批复建立南沙国家级战略新区，之后在此基础上，2014年12月，国务院决定设立包含广州南沙新区片区（广州南沙自贸区）的广东自由贸易试验区。

依据总规及新区发展规划，南沙新区定位为粤港澳的全面合作的示范区。包括"粤港澳优质生活圈""新型城镇化的典范""现代产业新高地""世界先进水平的综合服务枢纽"和"社会管理服务创新平台"五大职能。

在肩负着国家战略使命的南沙新区，我院进行明珠湾区103km²整体层面城市设计工作及33km²的核心起步区的城市设计和控制性详细规划。其中的

33km²的核心起步区是典型的大尺度城市高密度建设区，其空间的格局架构及高密度建设区的布局选择显得尤为关键。

二、弃格式化的新区建设模式，尊重自然格局、人文肌理与历史沿革

在进行核心区的高密度建设区规划之前，首先对南沙的自然禀赋、人文特征、既有资源进行认知审视与评价挖掘，作为规划的基础。

1. 尊重自然——山水港湾岛

规划场地内，有黄山鲁的自然山体，蕉门河、蕉门水道、上下横沥水道的自然水体和灵山岛尖、横沥岛尖的自然半岛，具有良好的自然本底空间整体架

构。规划摒弃置地条件及特点于不顾的格式化城市建设模式，运用设计结合自然的方式和山水城市的理念，充分尊重大地自然褶皱所形成的山体、河流、港湾、岛屿的相互关系，将人工城市及其高密度区作为强化整体空间架构及格局的要素，进行城市设计的规划构思，以期形成"山水河涌岛、港湾文巷城"的城市意象。

2. 尊重文脉——农业文明、海洋文明、工业文明

在大山水格局的基础上，深入认知和挖掘场地，发现"河涌"作为南沙一大特色的重要性。它承载了岭南的多元文化、海洋文化及商业文化等要素，"一涌一村""前涌后田"的格局与人们的生活和劳动息息相关，涌既是人们出海的航道，也是人们居

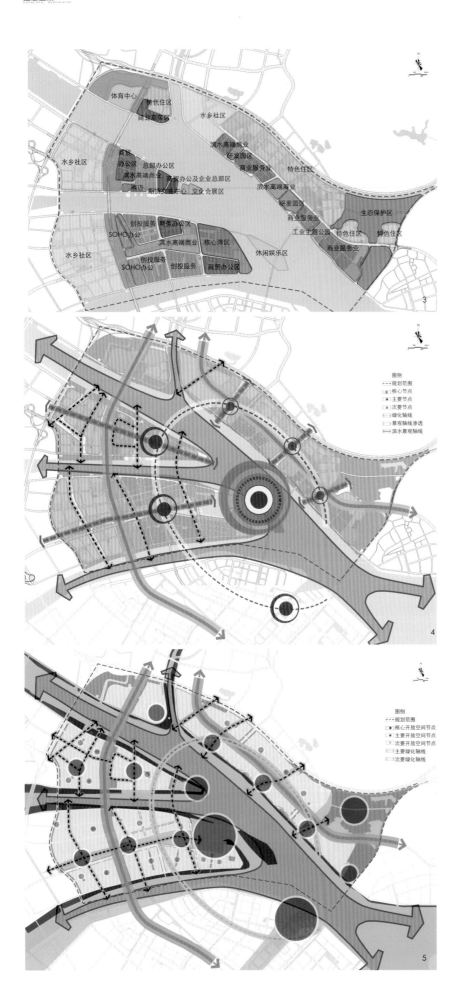

住生活交流的场所，安定生活的避风港，可以说是海洋文明与农耕文明的有机结合的自然产物。

此外，在早年的发展历程中，南沙地区曾作为重要的工业片区，经过多年建设，已建设形成以汽车、钢铁、造船、机械装备、港口物流、高新技术及石化等七大产业为基础的工业布局，工业立区的特点明显，体现着工业文明的发展烙印。工业发展带动城市建设，形成了南沙的城市新局面。因此，规划建设要对现状工业资源进行继承挖掘，使南沙的工业历史文明通过三旧改造的方式得以延续和发扬。

因此，规划区的建设要以对本地的农业文明、海洋文明和工业文明及景观资源进行深度挖掘，使其与新的城市文明能有机的结合和进行文脉传续。

3. 尊重规划编制的历史观——承上启下左右协同

把规划编制本身也用历史观的角度思考，用承上启下左右协同的方式，发挥规划在系统中的作用。

南沙片区在本次规划之前，多年已编制积累了大量的规划研究基础，规划并未采取推倒重来的方式，而是充分尊重既有的规划成果，通过评估、分析，予以继承发扬、优化提升。

同时，充分认识到国家级新区和自贸区的规划是一个复杂的巨系统，本次所进行的城市设计及控规是系统规划中的一个重要环节和组成部分，需要与系统的其他规划充分协调，在控规编制的同时，总体规划、水系规划、综合交通规划等上位规划或相关规划在同步进行，控规与之充分衔接，实现规划系统的动态反馈与同步推进。从而发挥控规在组织平台中承上启下、左右衔接的作用。

三、"南海魅力湾区、岭南智慧水城"的整体城市愿景

在充分审视南沙自身资源要素特征之后，在广州南沙新区作为国家战略的粤港澳合作示范区、国家级新区和自由贸易区的城市定位背景下，规划确定了打造"南海魅力湾区、岭南智慧水城"的城市空间愿景，体现其国际化、现代化与本土化的特点。

四、大湾区格局和山水城市的理念

"南海魅力湾区"即要规划打造可与国际知名湾区相媲美的"大湾区"格局，发挥南沙新区在粤港澳几何中心的"大门户"作用。

1. 围绕湾区的城市与山水的交融促成大湾区的形成

规划对33km²的自然本底分析，充分尊重山体、河流、港湾、岛屿等生态要素的相互关系，运用设计结合自然的方

3.功能分区图
4.规划结构图
5.绿地系统规划图
6.水乡社区总平
7.水乡社区鸟瞰

式和山水城市的理念，将人工城市及其高密度区作为强化整体空间架构及格局的要素，进而强化"三江六岸"整体大湾区的空间秩序。

2. 确定核心区的高密度建设区的布局选择

根据上位规划，粤港澳高端公共服务职能主要集聚在灵山岛尖和横沥岛尖，但通过交通承载力分析及评价，两个岛尖由于其处于交通尽端的位置，无法将全部的高密度建设区集中布局于此，因而规划采用了"核心突出、分散布局、相互呼应"的方式，在两个岛尖规划布局最高端的粤港澳合作公共服务职能以突出核心，在西部工业区结合三旧改造的经济平衡需求和轨道交通TOD集约开发模式，建设分散布局的高强度建筑簇群；在其他组团局部的特色化规划建设进行呼应，从而打造"一湾双岛"的大湾区核心区，缝合和聚集不同的功能板块。

3. 注重环绕湾区圈层布局及城市界面的公共性

环湾区第一圈层结合现状的红树林等绿化资源，布局滨水绿化开敞空间，通过良好的绿化和滨水慢行系统，保障滨水空间的公共性和连续性，形成环湾区的第一层前景绿色界面。

在保障绿线之后的第二圈层，借鉴香港维多利亚湾的经验，规划确定围绕核心湾区城市界面的公共性原则，并将商业、文化、总部办公、研发、公共服务等公共职能交错布局，在保障公共性的同时，实现岸线功能的丰富性与多元化，成为环湾区的第二层的红色界面。

第三圈层则为除现状保留之外的新增住宅地块布局在二线地块，在保障职住平衡的同时，避免居住临近湾区将滨水空间私有化的可能，并成为掩映在公共建筑之后环湾区的第三层的黄色界面。

4. 环湾区的空间进退及天际线控制

在蕉门河河口、灵山岛尖、横沥岛尖的湾区突出位置，规划高度较低、体量较大的水平向的文化、会展等公共建筑；在西部工业区的河涌两侧，规划内凹式小体量街区化的低层文化商业建筑；除此之外的其他用地均集约利用土地，规划建设较高的公共建筑，从而形成高低交错的布局方式，在大尺度环湾区空间的城市界面上，低层由于会掩映在绿化之后，因此形成具有进退的高层建筑城市界面的进退。

为保障大湾区的整体品质，借鉴香港山体视线

保护规划的成功案例，通过视线分析的引导和山水廊道的控制，使第一层界面的公共建筑群簇和第二层界面的居住建筑在一定程度上左右错动，形成前景与中景，在此基础上两者整体轮廓与背景山体起伏交错，形成丰富多变的天际线，实现现代城市与自然交融相映的山水城市的理念。

五、地域文明传承的城市肌理和新型城市化空间模式

"岭南智慧水城"即充分尊重地域文脉的传承，摒弃对用地进行"格式化"的做法，在各个组团内部，延续自然河涌与传统村落融合的"一涌一村"的肌理，探索新型城市化的空间营造。

1. 岭南智慧水城的传承与发展

规划保留整治现状河涌水系，延续"一河一涌"的成地模式，在其两侧规划建设宜人尺度的新岭南现代建筑，打造"水屋共生"的街巷空间，再现"依水而居"的岭南生活场景，使人在沿水边漫步、河里乘船的时候，感受到东方岭南智慧水城的印象和格调。

在横沥及灵山岛尖的粤港澳高端金融、服务、办公板块内，延河涌两侧主要植入了商业、文化、公共服务等职能，形成由餐饮、酒吧、书店、企业会所、特色精品酒店、小型音乐厅、商业零售等多种业态所组成的滨水连续商业街区，这里成为商务办公人群休闲交流场所和外来参观感受人群的体验之地。

在水乡社区的河涌两侧，则主要布置社区公共服务设施，如小学、幼儿园、社区服务中心等公共建筑，此外，保障沿河涌两侧绿化步行空间的公共性与连续性，避免被居住区内部私有化。在绿化公共空间之后规划低层住宅以保障河涌两侧的空间尺度感和岭南水乡意向。

通过沿河涌所形成的滨水低层人文景观带的划分，整个规划用地其他片区呈现组团化布局形态。并在远离河涌的区域，围绕不同等级的公共核心区，打造高层建设簇群，形成高层高密度建设区。并且在高层建筑的近人尺度采用退台、一二层的双层骑楼、连续步道廊道等岭南传统形式的现代演绎方式，营造适应地域气候及人文需求的活力街区。

2. 因地制宜的新型城市化空间模式

规划采用这种近河涌低层高密度、远离河涌或临近港湾高层高密度的成地模式，作为南沙新区新型城市化空间营造的基本手法，并根据智慧办公、水乡社区等不同的功能予以演化，形成多元的岭南智慧水城空间，从而形成因地制宜的新型城市化空间模式。

并且在规划过程中，为便于规划对于非专业人群及部门的沟通协调，用威尼斯和新加坡的城市空间作为形象案例，通俗地用"低头威尼斯、抬头新加坡"的说法来解释和描述这种空间模式所形成的城市意象。"低头威尼斯"是指想沿着河涌，内部水系，结合商业等服务设施，打造相对尺度宜人，与水紧密结合的威尼斯一般的城市形象，沿水边漫步、在河里乘船的时候，让人感觉到亲切的尺度和水城威尼斯的感觉。而"抬头新加坡"指的是在核心的商务商贸区的高楼集中区，则营造如同新加坡湾区的现代的城市景观。这种用非专业、通俗化的表述方式，在协调性规划的过程中发挥积极作用。

在南沙新区核心区中，高密度建设区的高层建筑与低层街区交织间错，融合共生，既满足了现代化国际化的粤港澳高端服务需要，又能充分的满足地域文脉的传承及工作在其间人群高品质的情景生活需要，从而达到追求土地效率和空间特色的平衡。

六、注重可实施性的专项支撑研究

为实现目标与愿景，规划进行了多个专题的深化研究，并动态反馈，以保障规划的可实施性。

（1）对交通承载力进行测算，进一步优化交通系统、空间布局和用地的建设强度。

（2）对区域内轨道站点周边进行研究，根据不同主导功能，提出差异化的建设模式和一体化的开发策略。

（3）强调低冲击开发，从智能生态水系统、智慧能源系统、绿色垃圾处置系统等方面提出相应的规划方案。

（4）针对起步区内的旧工业区改造，通过经济测算，合理确定功能布局和开发强度；并从经济效益、社会效益等影响因素，对企业进行综合评估，合理确定改造时序。

七、总结

广州南沙新区作为国家战略的粤港澳合作示范区、国家级新区和自由贸易区，其城市的高密度建设区的打造不同于一般的城市。规划首先对南沙的自然禀赋、人文特征、既有资源进行认知审视与评价挖掘，作为规划的基础。进而结合城市定位，确定了打造"南海魅力湾区、岭南智慧水城"的城市空间愿景：将南沙新区核心区的高密度建设区用"核心突出、分散布局、相互呼应"的方式，缝合湾区，形成三江六岸的大湾区整体格局；并充分尊重地域文脉的传承，摒弃对用地进行"格式化"的做法，在各个组团内部，延续自然河涌与传统村落融合的"一涌一村"的肌理，形成近河涌低层高密度、远离河涌或临近港湾高层高密度的成地模式，作为南沙新区新型城市化空间营造的基本手法，将高密度建设区的高层建筑与低层街区交织间错，融合共生，达到追求土地效率和空间特色的平衡。

希望通过规划，为南沙新区核心区的高密度建设区奠定一个良好空间架构和布局逻辑，成为新型城市化特色空间模式的一次有益探索。

参考文献

[1] 北京清华同衡规划设计研究院有限公司. 南沙明珠湾区规划项目组 [Z]. 2012.

[2] （加）简·雅各布《美国大城市的生与死》[M]. 金衡山. 译. 译林出版社，2006.

[3] 伊恩·伦诺克斯·麦克哈格. 设计结合自然[M]. 芮经纬. 译. 天津：天津大学出版社，2006.

[4] 吴良镛. 山水城市与21世纪中国城市发展纵横谈[J]. 建筑学报，1993（06）：46.

[5] 吴良镛. 关于山水城市 [J]. 城市发展研究，2001（02）：17.

[6] 吴良镛. 中国传统人居环境理念对当代城市设计的启发[J]. 世界建筑，2000（01）：82.

作者简介

于润东，硕士，北京清华同衡规划设计研究院有限公司，详规四所，所长，注册规划师，国家一级注册建筑师；

曹宇钧，硕士，北京清华同衡规划设计研究院有限公司，副总规划师，注册规划师，高级工程师；

李仁伟，硕士，北京清华同衡规划设计研究院有限公司，详规一所，所长，注册规划师；

黄嫦玲，硕士，北京清华同衡规划设计研究院有限公司，详规一所，项目经理，注册规划师；

鲍茜，硕士，北京清华同衡规划设计研究院有限公司，详规四所，项目经理，注册规划师，高级工程师。

8.横沥灵山鸟瞰
9.承上启下
10.左右协调
11.滨水功能

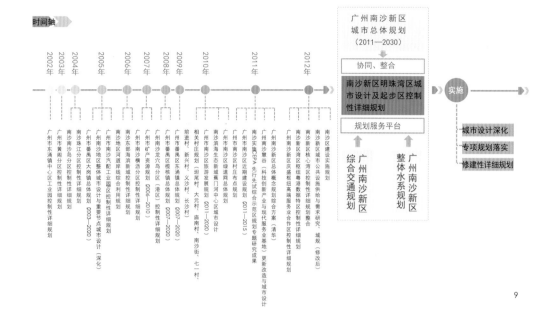

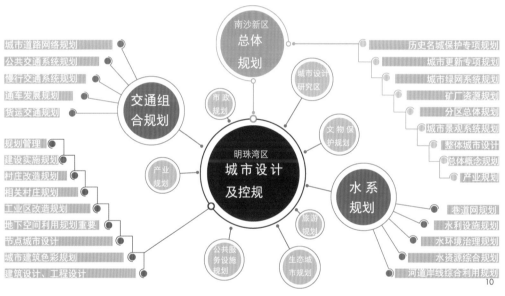

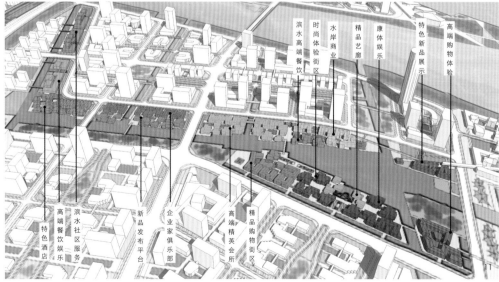

兼顾高密度与高品质双重需求的城市商务区空间设计策略
——以太原汾东商务区城市设计为例

The Spatial Design Strategy of Urban Commercial District with High Density and High Quality
—In City Design of Taiyuan Fen East Business District as an Example

唐正彪 邱 枫 周有军 刘 迟
Tang Zhengbiao Qiu Feng Zhou Youjun Liu Chi

[摘 要] 商务区选择高密度开发模式是由其内在属性所决定的必然选择，高密度的开发模式需要高品质的支撑系统，两者关系需要平衡处理，方能实现商务区成为持续展示城市形象、彰显城市中心性、集聚价值链中高附加值企业的发展目标。本文以汾东商务区为例，阐述了从功能业态、功能布局、空间形态、交通动态、环境生态等方面构建高品质支撑系统。

[关键词] 商务区；高密度；高品质；设计策略

[Abstract] Business district choose high density development mode is determined by the intrinsic properties. High density development model requires high quality support system. To make the business district become a sustainable city image, highlighting the city center, the value chain of high value-added enterprises,it is necessary to balance the relationship between the high density and high-quality. Fen East Business District as an example to this paper.it expounds the construction of high quality support system from the aspects of function format, function layout, space form, traffic dynamics, environment ecology and so on.

[Keywords] Urban Business District; High Density; High Quality; Design Strateg
[文章编号] 2016-75-P-026

一、引言

商务区是城市产业链两端中高附加值环节产品生产的主要区域，集聚了城市中大量的生产性服务业企业。商务区具有区位的核心性、经济产出的高效性等内在属性，这也决定了商务区在选择高密度的开发模式时，需兼顾高品质的需求，方能实现持续发展。

总结目前对已经发展成型的商务区的相关研究，可更为清晰地认识到平衡处理高密度与高品质关系的重要性。如众多学者提到的，伦敦金融中心在非上班时间呈"死城"状态，陆家嘴金融中心地下空间开发不足、交通循环不畅、人行交通发展滞后，同时众多商务区普遍还存在缺少日常生活设施配套滞后的通病，就业与生活人员就餐等问题未得到考虑，缺少可休闲的场地。上述这些现象都是高密度的开发模式下忽略了高品质支撑系统构建的问题表现。巴黎拉德方斯与新加坡CBD是目前公认的两者关系处理最为平衡的典型代表，呈现出功能混合、产业高端、交通人性、形象突出、活力持续等发展特征。为此，对于新建的商务区，在选择高密度开发模式的同时，需全方位构建高品质的支撑系统，才能实现商务区成为持续展示城市形象、彰显城市中心性、集聚价值链中高附加值企业的发展目标。

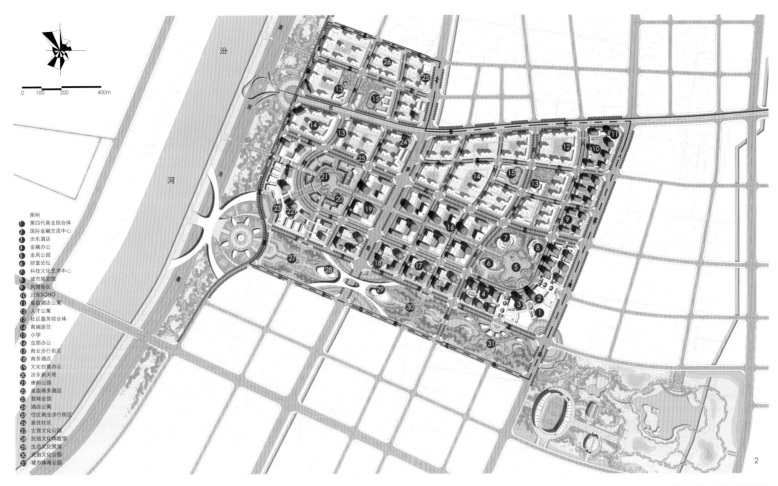

二、项目概况

汾东商务区位于太原南部新城区域，处于城市中南北承接、东西转换的枢纽节点位置，西面是晋阳文化生态区，东面是经济技术开发、高新技术开发区扩区、山西科技创新城，北面是太原主城，区位十分优越，规划用地面积1.9km。

作为面向未来的商务中心，汾东商务区的发展一方面将发挥补位南部区域未来需要的高端服务功能的作用，引领南部区域产业向更高层次转型，促进新城由生产型向服务型、创新型和文化型发展，支撑南部区域从西往东形成制造—创新—商业商务—休闲度假的价值链；一方面将成为城市的新中心，以金融服务、总部办公、国内外贸易、高端商业为引领，融文化娱乐、商业服务、生活居住等功能，直接辐射和服务太原都市区。

在通过对国内外商务区案例研究的前提下，总结汾东商务区的开发在选择高密度的模式下，若要构建高品质支撑系统需要关注4点：

（1）通过功能业态的多元布置，避免出现活力不足的问题，即单一商务功能、白天热闹晚上冷清、人气不足、吃饭难、休闲难等问题；

（2）通过对空间形态的高品质设计，彰显空间特色、体现城市形象、塑造吸引力；

（3）通过对交通动态的多方式引导，高效解决未来大规模人、车进出疏解需求、停车需求、慢性需求；

（4）通过对空间环境生态的智慧打造，结合先进技术，生态化进行开发建设。

三、空间规划设计策略

1. 选择符合发展趋势的业态，保证经济持续产出

选择并配比功能业态是商务区设计的首要任务。根据商务区发展的常规经验，商务区的主要功能包括商务办公、商业娱乐与居住，其中商务办公面积比例占1/3以上，商业娱乐面积比例＜1/4，居住面积比例＜1/3。

（1）商务业态选择

南部新城、山西科技创新城是太原城市工业的最集中区域，随着工业的发展壮大，南部新城的发展势必将衍生支撑与服务产业升级的生产性服务业，具体包括地区总部、地区销售机构、企业总部管理机构、会计、律师、评估中介机构、创新研发机构等企业，这些新型功能的出现无疑将集中在汾东商务区，规划定位商务业态以金融服务、总部办公、科技研发为核心。

（2）商业业态选择

目前，太原市已基本形成以"柳巷商圈""亲贤—长风商圈""朝阳商圈""下元商圈"为核心的商业布局。柳巷商圈聚集了众多的中华"老字号"和历史名店，业态丰富，以传统为特色。亲贤—长风商圈是新兴商圈，现已形成以餐饮业为主，购物、休闲、健身等点缀其中，而百盛、新天地、王府井、燕莎、沃尔玛等国内外一线商业机构的相继进驻，使该商圈成为迅速崛起的新锐势力。朝阳商圈以大型服装服饰零售、批发交易为特色。下元商圈目前商业分布还较为贫瘠。

从空间分布上看，南部新城未来的商业中心也将落位在本次规划区域，随着南部新城工业项目和大

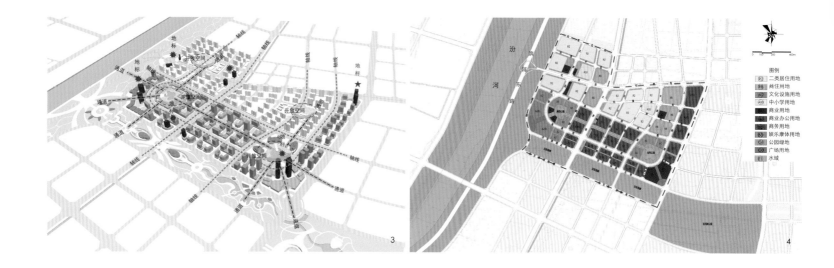

型公服设施的导入,南部新城将成太原未来人口导入的最集中区,消费需求潜力较大。从错位发展的思路判断,规划定位商业业态为中高端档次,以乐活休闲、品质景观、主题商业为特色的体验式主题商业,弥补太原目前体验式商业的不足,同时引领市场升级,具体业态包括购物、娱乐、餐饮、教育培训、休闲等。

(3)居住业态选择

规划区域西侧毗邻汾河、南侧毗邻汾东绿廊(规划),生态环境优越,从优地优用和产城融合的角度考虑,规划居住业态以高端住宅为主、人才公寓和酒店式公寓等为辅。

最终确定功能业态配比具体为:办公35%、商业23%、文化8%、学校1%、娱乐4%、居住25%、酒店3%。

2. 塑造高混合的功能布局,导入多元人群的活动

高混合的功能布局,目的在于可导入的多元的人群,使有限的空间承载更加丰富多元的经济活动、社会交往活动、休闲游憩活动及交通集散活动,充分保证商务区的全天候活力。

(1)7个多元充满特色的功能分区

沿人民南路与汾东绿廊是城市功能最复合的带状区域,是内外衔接的功能带,是人群活动最集中的区域,规划在此区域布局核心功能,带动周边开发,树立形象,集聚人气,逐步形成内外联动、差异互补的高混合功能布局。

7个功能分区包括金融与商业核心区、SOHO与商住混合区、总部办公区、商业文娱区、商务生活区、居民安置区、汾东绿廊。

金融与商业核心区:服务银行总部、高端商业发展需求,建立商务地标,主要项目包括第四代商业综合体、汾东酒店、国际金融交流中心、金融办公、科技文化艺术中心、城市规划馆、财富论坛。SOHO与商住混合区:服务年轻白领对时尚、轻松、自由的生活方式和生活态度的需求,主要项目包括风情街区、SOHO办公、酒店公寓、高端居住、人才公寓。总部办公区:服务太原都市区的生产性服务业绿色总部办公需求,主要项目包括商业步行街区、酒店、总部办公。商业文娱:服务高品质的文化、娱乐高品质消费需求,建立商业地标,主要项目包括晋商会馆、汾东新天地、文化创意办公、星级酒店、唐韵公园。商务生活区:服务商务人士对高品质居住社区的需求,主要项目包括高端居住社区、人才公寓、社区服务综合体、商业步行街区、小学、酒店公寓。居民安置区:服务居民拆迁安置需求,主要项目包括居住社区、小学、社区服务综合体、商业街区。汾东绿廊:服务汾东商务区生态休闲游憩需求,是保证商务区空间品质、展示太原人文与生态文化的空间长廊,主要项目包括古晋文化公园、生态展览、民俗文化公园、城市活水公园、体育文化展示公园。

(2)"互联互通、上下一体"的地下空间开发

沿人民南路是2号轨道线线路(规划将建),在本次规划区范围内的南北各设人民南路站、化章街站,地下空间的开发应充分利用轨道站,地下一层的开发结合建筑功能,设置包括地下商业综合体、零售商业、步行商业街、以及文娱和下沉广场等功能,地下二层主要包括地铁站厅、停车场,地下三层主要以停车功能为主,包括少量设备空间,主要解决办公及购物大量人流带来的停车需求。整体通过地下通道一体化联系各类功能设施和地下停车场、轨道交通等设施,实现在不增加地面道路资源的情况下,提升区域道路容量、减少地面交通负担、实现人车交流。

3. 塑造舒适宜人、形象突出的形态,形成吸引力

(1)多要素塑造设计框架

规划形成两心三轴、多廊道多地标的空间结构。两心即两个开敞空间核心;三轴即贯穿基地的空间联系轴,一横两纵;多廊道即多条景观廊道、视线廊道;多地标即多个城市视觉焦点地标。

(2)疏密有致的梯状开发强度

商务区的开发强度一般较高,国内CBD开发强度一般在1.6~3.5之间,其中2.0~3.0为中等开发强度,以南京、杭州、武汉等城市为代表,特点是土地开发强度适中,交通、环境和市政设施等支撑荷载在合理范围内,能够支撑商务区的正常运作。基于太原的城市能级考虑,规划将整体开发强度控制在2.0~2.5左右。

场地西侧是汾河,东侧是轨道线路与站点,为此确定开发强度为西低东高的格局,再结合微观区位考虑,规划将区内的开发强度按照6个等级进行分区,分别由低强度建设区FAR≤1.0、中等强度建设区(1.0<FAR≤2.0)、中高强度建设区(2.0<FAR≤3.0)、较高强度建设区(3.0<FAR≤4.0)、高强度建设区和超高强度建设区(FAR>5.0)。

(3)错落有致的建筑高度与视觉明确的地标布局

在开发强度格局的前提下,建筑高度遵循西低东高与近公园低、远公园高的整体格局,彰显具有明确的、引人注目的城市空间张力。西低东高一方面符合土地价值要求,一方面西边是晋阳古城,西低可呼应历史文化元素保护需求,东边是山西创新科技城,可呼应现代城市建设节约集约用地要求。近公园低、远公园高体现丰富的天际线。

5

（4）适宜步行的街区尺度、互动共享的公共空间网络

规划选择位于新城、服务工业园区产业升级、评价较好的苏州工业园区金鸡湖湖西商务区作为对标案例，其道路划分地块尺度在130m×220m左右，面积约2.8亩，小尺度的街区是一个比较适合商务塔楼布局的地块尺度。基于此，本次规划商办用地地块面积一般控制在2~2.5亩左右，居住用地地块面积一般控制在3亩左右。

同时塑造城市公园、广场、商业大道、林荫大道、带状公园、滨水公园等点、线、面不同类型的公共活动空间，形成网络化的体系，促进步行活动的产生、多元人群的思想交流与碰撞。

（5）传承唐文化底蕴，注入创新文化因子

在建筑意向和风格的选择上，为避免商务区单一的现代建筑风格，结合商务休闲、景观展示、文化展览等功能适当引入唐风建筑，主要布局在靠近汾河的一侧，呼应晋阳古城。

（6）高效、便捷人性的交通体系

外部交通主要依托两条快速路即滨河东路和化章街、一条地铁即2号线、四纵一横的主干道对外联系。内部依托高密度的支路提高各个地块的可达性，规划商务区道路密度为10km/km²。区内道路以20m和30m为主，道路断面为两块板，保证行人可以安全、方便地过街。建设人性化的慢行交通网络、休闲步道、公共自行车租赁点、过街设施，设置游览观光车道，服务观光需求。同时发展步行二层平台，借鉴香港中环商务区的做法，建立二层步行系统使机动车交通频繁的地区人车分离。通过空中平台与下穿隧道实现西侧堤内外交通联系。

4. 构建智慧可持续的生态系统，保证环境质量

延续基地内的水脉并优化生态环境，保留南北向的东干渠，构建两条东西向的联通水系，在基地内形成双"十"字形水系结构，串联各类绿地空间，形成网络化的绿网系统。

规划商业区、商住区建筑建设屋顶雨水收集系统，雨水收集后用作道路清洗、绿地浇灌、景观用水、冷却水、冲厕用水。同时通过贯彻"海绵城市"、绿色建筑要求等手段，保证生态环境的可持续。

四、结语

商务区选择高密度开发模式是必然选择，但构建高品质支撑系统是决定商务区这个空间载体能否实现发展目标的基础条件，众多商务区发展过程中出现如城市功能单一、绿色空间缺乏、交通无序、城市空间形态混乱、城市景观杂乱、环境质量下降等这些现象都是未平衡处理高密度与高品质两者关系的后果。

本文以汾东商务区城市设计为例，提出了选择符合发展趋势的业态、塑造高混合的功能布局、塑造舒适宜人、形象突出的空间形态、构建智慧可持续的生态系统等策略，以期为高密度城市的可持续发展提供经验借鉴。

参考文献

[1] 孙施文. 城市中心与城市公共空间[J]. 城市规划，2006. 8.

[2] 黄大明. 高密度环境下的城市空间设计策略探析[J]. 规划师，2006. 3.

作者简介

唐正彪，太原城市规划设计研究院三所，副所长；

邱　枫，上海同济城市规划设计研究院三所；

周有军，上海同济城市规划设计研究院，国家注册城市规划师；

刘　迟，上海同济城市规划设计研究院，城市规划师。

3.城市设计框架图
4.用地规划图
5.鸟瞰效果图

寄于山、予于水、融于城、合于乡
——徐州西部新区概念规划及城市设计

Depen on Montains, Be Given by Water, Be Incorporated in the city and Countryside
—Concept Planing and Urban Design of Xuzhou West District

高其腾
Gao Qiteng

1.北部片区—物联商贸片区
2.点轴分明的空间节点
3.联山引水的空间架构
4.产空间与开敞空间相结合的空间布局

[摘 要] 在国内以建筑及基础设施为导向的城市扩张逐渐转向新型城镇空间的背景下，探讨城市开敞空间的体系建构并充分发挥其对城市建设的效益，显得意义重大。本文基于回归田园生活这一构想，以徐州西部新区概念规划及城市设计为例，将开敞空间作为承载城市多系统融合的容器，穿针引线般地将城市各个系统有效编织成多样特色的城市新区。通过以城乡协同为特点的城市设计，达到都市与田园共同演绎、产业与生态交相辉映的新型城镇化。

[关键词] 田园；开敞空间；城乡接口

[Abstract] Now, our construction and infrastructure-oriented urban sprawl gradually is shifting to the new context of urban space. Exploring the construction of urban open space system has paid a significant role in new urbanization. Take the concept plan and urban design of Xuzhou west district project as a case, using the urban open space as a container carrying multi-system integration, the whole city will be complied into a variety characteristics as well as a new effective system of urban spaces. By focusing on urban and rural cooperative urban design, result in the interpretation of new urbanization.

[Keywords] Pastoral; Open Space; Urban Interface
[文章编号] 2016-75-P-030

一、引言——新型城镇化

截至2015年，我国城镇化率已达到56.1%，而城镇化过程中的自然生态与传统文化保护问题日渐受到关注。《国家新型城镇化规划（2014—2020年）》指出，我国要走坚持以人为本、四化同步、优化布局、生态文明、文化传承的中国特色新型城镇化

道路。总的来说，新型城镇化道路具有这样几个特点和要求。

1. 规划起点高

城镇要科学规划，合理布局，要使城镇规划在城市建设、发展和管理中始终处于"龙头"地位，从而解决城市建设混乱、小城镇建设散乱差、城市化落

后于工业化等问题。

2. 途径多元化

中国地域辽阔、情况复杂，发展很不平衡，在基本原则的要求下，中国城镇化实现的途径应当是多元的。中国东中西部不一样，不能强调甚至只允许一种方式。与工业化的关系处理也应该有多种方式，有

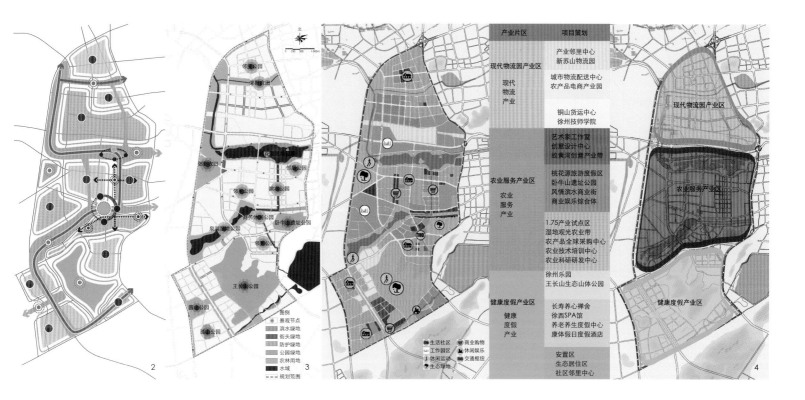

图例
景观节点
滨水绿地
街头绿地
防护绿地
公园绿地
农林用地
水域
---- 规划范围

生活社区　　商业购物
工作园区　　休闲娱乐
休闲运动　　交通枢纽
生态康地

产业片区		项目策划
现代物流园产业区	现代物流产业	产业邻里中心 新苏山物流园
		城市物流配送中心 农产品电商产业园
		铜山货运中心 徐州技师学院
农业服务产业区	农业服务产业	艺术家工作室 创意设计中心 故黄河创意产业带
		桃花源旅游度假区 卧牛山遗址公园 风情滨水商业街 商业娱乐综合体
		1.75产业试点区 湿地观光农业带 农产品全采购中心 农业技术培训中心 农业科研研中心
健康度假产业区	健康度假产业	徐州乐园 王长山生态假山体公园
		长寿养心禅舍 徐西SPA馆 养老养生度假中心 康体假日度假酒店
		安置区 生态居住区 社区邻里中心

2　3　4

的是同步，有的可能要超前。

3. 聚集效益佳

城镇一个最大的特点是具有聚集功能和规模效益。要在增加城镇数量、适度扩大城镇规模的同时，把城镇做强，不能外强中干，有些城市就虚得很。

4. 辐射能力强

利用自身的优势向周边地区和广大的农村地区进行辐射，带动郊区、农村一起发展，这是城镇责无旁贷的义务。

5. 个性特征明

中国的城镇要有自己的个性，每个地方的城镇，每一个城镇都应该有自己的个性，要突出多样性。城和镇都是有生命的，都有自己不同的基础、背景、环境和发展条件，由此孕育出来的城镇也应显示出自己与众不同的特点。

6. 人本气氛浓

我们不能为城镇而城镇，发展城镇的目的是为人服务。所以，城镇的一切应当围绕人来展开，要树立牢固人本思想，创造良好的人本环境，形成良好的人本气氛，产生良好的为人服务的功能。

7. 城镇联动紧

"城镇化"，而非城市化，其内涵是要把城市

的发展和小城镇的发展作为一个有机的整体来考虑，解决好非此即彼或非彼即此或畸轻畸重的问题。

8. 城乡互补好

中国的城镇化要打破二元结构，形成优势互补、利益整合、共存共荣、良性互动的局面。因为农村可以为城镇的发展提供有力支持，形成坚强后盾，城镇可以为农村的发展提供强大动力，从而全面拉动农村发展。

二、背景——资源依赖型城市转型

本次规划基地位于徐州市主城区西部，距离老城区5km。范围东起三环西路，西至黄河路，南起玉带路，北至郑徐客运专线，总用地面积约33km²。它是城市西部的门户，也是城市延续中心和跨越式发展的耦合区。

1. 徐州的城市转型背景

徐州，是48个全国重点城市之一，也是中部地区的枢纽节点。在江苏的13个城市中，徐州更是老工业基地。但是徐州的产业发展与其区位优势无体现：紧邻长三角，便于直接面向市场群，但现状煤炭主要采用企业集团内部消化以及江苏本地直接利用方式为主，与区位关系不密切。

早几年前，徐州煤炭资源已进入枯竭期，被国家明确为资源枯竭型城市：产量下降、品相逐渐变

表1		资源型城市转型的特征
城市类型		城市转型启示
新加坡	山水园林型	(1) 城市发展坚持全域理念，走集约发展之路 (2) 坚持彰显城市建筑和景观特色，形成城市品牌 (3) 以改善人居环境、统筹城乡发展为纲领，打造生态宜居新城
堪培拉	田园风光型	(1) 保护城市自然景观，使人回归自然、贴近自然，使城市与自然充分融合 (2) 霍华德田园城市理论中对城市的规模进行了严格的限制，规模应适度 (3) 花园城市要以最少的资源和能源消耗实现生产和生活的正常运转
卡迪夫	休闲文化型	(1) 生态优先，加大环境治理财政投入 (2) 积极引入文化产业、休闲产业和度假产业 (3) 城区作为景区打造，提高城市的宜居环境 (4) 坚守地区的本土文化特色
九州	生态工业型	(1) 结合区位优势发展新兴替代产业：高新技术产业 (2) 集中发展生态工业园，(ECO—TOWN) 集中建设 (3) 利用老公铁设施规划的物流港 (4) 矿区原址建设娱乐中心、旅游景点

差，部分矿井采掘深度已超过-1 000m，生产成本不断上升，预计最多可维持20。全市煤炭关闭已减少年财政收入7亿元以上，今后一个时期还将每年减少近10亿元左右。同时，国家煤炭整体产能过剩，利润下滑，企业基本无盈利。

因煤炭资源的枯竭，徐州的产业发展较为缓慢，转型迫在眉睫。先发转型，走在资源枯竭的前面，而徐州西部新区成为转型发展的主战场。

5

2. 资源转型城市的特征与启示

（1）新加坡——走集约发展之路

对于一个国土面积极其有限的国家，新加坡仍然把"花园城市"作为基本国策严格执行。通过制定长达50年的"绿色和蓝色规划"确保更多的蓝绿空间，坚守生态保护的底线，目前新加坡人均绿化指标达19.6m²。而通过"绿色和蓝色规划"营造良好的绿化环境，也成为新加坡重要的旅游吸引力之一，是兼顾城市发展与环境保护的典型。

（2）堪培拉——城市与乡村的结合

堪培拉位于澳大利亚山脉间的开阔谷地上，推动城乡平衡发展是田园城市的规划重点。堪培拉的城市设计十分新颖，环形及放射状道路将行政、商业、住宅区有机地分开，形成有山有水的新首都。城市选址建设与自然高度融合，霍华德田园城市的实践，具有历史、自然、文化的结构。

（3）卡迪夫——融合本土文化与创新经济

威尔士卡迪夫曾是著名的"煤城"目前的卡迪夫，产业发展方向是以创意产业、文化产业和2.5产业为主，已经是区域重要的休闲中心，变身为每年吸引上百万游客的现代化城市，城区聚集的休闲度假项目超过200个。同时，政府相信只有民族的才是世界的，威尔士在日益走向国际化的同时，努力保持并推广地方文化。今日的卡迪夫不仅拥有多种工业，如冶金、机械、纺织、面粉、造纸等传统行业，还兴起一批高新技术产业与传统相结合。

（4）九州——发展生态型生产力

日本九州的产业主要以生态循环产业、物流商贸产业和高新技术产业为主。九州的转型发展正是基于其自身优势及特点：包括利用大量富余的廉价劳动力、良好的空气质量和水质和发达的公铁运输设施，发展成为著名的硅岛＋车岛。同时，集中发展生态工业园（ECO-TOWN），建设环境治理的典范城。目前，北九州的环境污染得到了极大的改善，并成为世界上开展改善环境活动的样板。

可以看出，强化产业关联，实现产业向科技、文化、生态方向转型，大力发展接续替代产业（文化创意产业、商贸物流业、现代农业服务业），才能有效促进资源依赖型城市的经济转型。

三、定位研究

根据《江苏沿海开发战略（2009年）》《长三角一体化发展战略（2010年）》的规划要求，徐州作为陇海带的中心城市，承担强化聚集人口和经济的能力；同时，作为黄淮海平原的农产品主产区，还应建设特色农产品生产和加工基地，推动高效农业和外向型农业的发展。

1. 由资源依赖型转化为现代服务业主导的区域中心

根据淮海经济区战略规划，淮海经济区将要打造的"一核、一圈、三通道"整体空间格局。根据淮海经济区城市之间经济联系强弱分析，陇海线上的城市的联系强度远不如京沪线。为解决淮海经济区中各城市间缺乏协作的问题，徐州作为淮海经济区的核心城市，有必要利用好徐州西站，提升服务能级，强化陇海经济带，带动淮海经济区的转型。

2. 沿海城市圈的外向型农业服务核心

在经济地理和区位条件的角度，徐州位于长三角经济圈和环渤海经济圈的过渡带，是两大国家级经济区影响力相互延伸的结合部。而目前我国沿海共形成"三大五小"（即珠三角、长三角、京津冀与辽宁沿海、山东半岛、江苏沿岸、海峡两岸、北部湾）8个城市圈的开发格局，而以徐州为核心的徐州都市圈是沿海片区农业最强的地区。

3. 徐州城市发展的活力储备空间

在上轮的总体规划中，徐州西部新区并没有纳入城市的空间体系中，从用地功能的角度来看也主要为生态片区，徐州西部一直是作为徐州的后花园，也是徐州难得的可以凸显城市山水特色的地区。

徐州西部新区的建设应当利用自然的规划指导思想，探索开敞空间体系建构。同时也利于塑造城市特性，激发城市活力。正如著名学者凯文·林奇把活力作为开敞空间的形态首要评判标准，城市的开敞空间是激发城市活力的重要因素之一。

四、"显山露水、亲山近水"的空间格局

1. 南北连通，重建城市山水空间

本次规划区北侧为总规确定的九里湖生态区，而中间有故黄河穿越，因此沟通南北生态片区，使徐州西部的生态意义更加明显。方案提出以下三个策略来重新构建徐州的生态走廊：

（1）连接两大生态地——微山湖和拉梨山；

（2）连接两大生态片区——九里湖生态区和云龙湖生态区；

（3）沟通两大河流——故黄河和大运河。

2. 设计对策

（1）联山引水、指状辐射

通过南北向水系，联通泉润湿地与桃花源湿地，从而打通故黄河与云龙湖之间的山水廊道，同时，向两侧辐射深入各功能片区的指状绿地，并以此为骨架，构建基地整体生态型开放空间结构，提升环境质量；梳理并构建社区绿地—居住区绿地—城市绿地的绿地系统，强调居民使用的公平性和可达性。

（2）叶脉骨架，成片成网

规划以生态网络为基底，依托良好的自然资源，构建点、线、面结合的绿化景观体系，营造富有特色的空间，创造优美环境，打造宜居宜业的生态新区。

以桃花源湿地公园、泉润湿地公园和故黄河水系为主轴，向两侧延伸指状绿地及农田，构成"叶脉"状整体绿地系统骨架。卧牛山遗址公园、王长山公园、园山公园、孤山公园、商务休闲公园及邻里公园是基地斑块状基质，在叶脉骨架的基础上，结合多条林荫大道，构成网络状绿地系统。

（3）点轴布局，层次分明

规划景观系统以桃花源旅游度假区、泉润湿地农业观光区作为景观核心，以卧牛山遗址公园和王长山公园等自然景观作为景观节点，引领景观布局。依托道路、水系、农业观光带、核心功能等形成城市发展带，通过轴线串联一系列错落有致的开放空间节点。

规划区内公共开放空间采用点、线、面结合的方式，开合适度，形成丰富多样的滨水开放空间、景观大道开放空间、道路门户开放空间及各公共开放空间节点，共同塑造规划区优美的公共开放空间体系。

①滨水开放空间——规划利用基地内部水系，利用建筑形态与田园、绿化的结合，塑造风景优美的滨水开放空间。

②景观大道开放空间——结合基地内的林荫大道，道路绿化，形成线性的公共开放空间。

③公园及广场开放空间——利用基地内形成的滨水公园、城市公园、遗址公园、邻里公园、山体公园等绿地形成具有地方特色的主要公共开放空间。

（4）组团开发，街坊分割

为了更快地推动开发建设，也为了避免大规模的高强度开发，规划贯彻有机聚合的理念，各开发单元内部充分利用绿化景观廊道，通过道路、景观廊道等轴线依次梯度开发，引导整体开敞空间的形成。为便于分期、分批、多开发单位的协同开发，本次规划以一个相对完整的街坊作为一个开发单元，划分开发组团，各开发组团内部分别布置相应的具有带动作用的开发项目，作为先期启动的点或带动组团发展的核心，引导组团空间的形成。

五、"回归日常、活化传统"的空间活化

1.立足田园，发展田园

本次规划范围位于中心城区的西部，是城市的西门户，整个规划区基本上位于城市与乡村的过渡地带，也是城市的边缘区，现状布局问题突出：（1）城市建设用地和农用地交错布局，可建设用地比较

破碎；（2）人口较多，人地矛盾突出，建设用地与农用地供需矛盾大；（3）用地结构不合理，浪费严重；（4）土地污染严重，生态环境恶化。

综合以上特征，规划提出秉承"田园城市"思想，依托区内现有的农业资源和重点开发项目资源，强调生产空间与开敞空间的融合，以点带面，以线联片，实现开敞空间的有机发展。

2.设计对策

（1）继承区域传统，回归养生文化

彭祖文化：彭祖"三术"：一是烹饪术，二是养生术，三是房中术。彭祖养生学说没有能够完整地流传下来，但其摄养、吐纳、守静、导引等养生理论，对道家、道教及中国传统文化都产生过深远的影响，可以讲，彭祖从饮食、运动到生育，奠定了中华养生文化体系的基础。

整合生态自然景观、历史遗产等资源，积极发

展休闲旅游产业，形成生态旅游集群，增加旅游内容的独特性和不可替代性，成为具有一定辐射力和影响力的休闲旅游目的地。主要可开发生态旅游、休闲度假，并以此为基础，延伸产业链，衍生旅游地产、养老产业、健康医疗等伴生产业。

充分利用徐州深厚的文化资源，打造城市名片。同时，尊重并延续徐西市民日常生活，使之在当代城市生活中重现活力，从而打造具有生活内核的休闲城区。

（2）与开敞空间相结合的农业生产力布局

本次规划区地处城乡结合区域，设计特别注意城乡融合发展，体现新型城镇化的要求，合理布局生产力的同时也要保持良好的田园环境。利用淮海经济区第一产业在沿海最强的优势，规划强化徐西的农业服务功能，向两大经济圈输出优质农产品。

构筑为农业服务的"现代服务业"（1.75产业）。不同于2.5产业，这里的第三产业是为第一产

业服务的，为第一产业服务的研发、创意、销售、网络、物流、交易等企业，就是第一产业与第三产业结合，同时还有一部分的第二产业，这种1.75产业适合在城市与乡郊地区布局。通过引导企业间的充分交流与协作，促进农业服务业提升整合，面向企业，搭建商贸会展、设施共享、市场咨询服务平台，营造优质的服务环境和创新环境促进产业链延伸与链接整合。

（3）绿色城市空间经营

借鉴良好的开发策略，可以为城市设计实施需要的资金提供保障。政府可以通过利用对土地、信息、政策等的垄断，通过合理的运作，从社会筹集资金。本次城市开发策略综合了三种城市经营模式：核心项目引导，生态景观环境引导，公共交通引导。

①核心项目引导

通过社会服务设施建设引导开发，以创意创业中心、商务办公中心、游乐活动中心、交通枢纽中心、商业中心、大型医院等项目作为引导点，带动山水田园新区的土地高效有序开发。

②生态景观环境引导

环境设施建设是保证规划实现的前提条件，只有优美的地区才会吸引投资，留住人才。充分利用生态和合理利用生态资源，创造"绿色财富"，并以此提升整个中心区的品位和生活质量。通过对故黄河等水资源优势的充分保护和合理利用，塑造滨水景观休闲空间，提升该地区生活品位和人居环境。

③公共交通引导

依托农产品采购、货运交通，轨道交通枢纽与仓储物流等功能。沿6310、开元路、三环西路、徐萧和徐商路等发展快速公交系统，强化山水田园新区新区区与周边区域的联系，并在靠近站点的地方布置强度较高的商务、商业等用地，充分发挥快速公交的可达性优势，扩大其直接服务对象的范围，进而高效带动本地区的整体开发。

六、"城乡协同、科技引领"的空间提质

1. 徐连一体，促进淮海经济区发展

徐连一体化——为解决淮海经济区中各城市间缺乏协作的问题，徐州西部新区应利用好徐州西站，强化陇海经济带，发挥西部物产资源和东部海港资源优势，承担区域性的商贸物流职能。

转型支撑——淮海经济区中，徐州第三产业发展水平较高，但与江苏省其他城市比较，徐州第三产业发展相对落后；徐州西部新区作为转型的先锋地，应发展培训、养生等新型产业，为周边城市服务。

2. 设计对策

（1）提升空间能级，拓展辐射范围

打造复合发展：优良的山水景观资源和铁路站点都为西部新区发展复合新区打下良好基础。复合型开敞空间的发展除提升城市活力外，还为休闲、旅游产业的发展提供配套服务，促进产业集群发展。从西部新区所处区位来看，其空间发展应跳出地区性服务半径，开拓周边外来市场。以构筑区域型现代复合新区为战略目标，依托优良的产业基础，积极发展为第一产业服务的总部经济、会展、第三方物流、创意研发等现代服务业，配置相应城市公共功能促进空间服务能级的提升。通过打造区域生产力服务空间、产业组织核心空间等。从整体上转变为城市经济结构及增长方式的复合型空间。

（2）城乡协同的城市接口空间

作为承担城市系统融合的公共开敞空间，应置于徐州转型发展的大背景下，与徐州城区其他功能板块（如徐州新区、老城区、九里山片区等）协同一致，共同提升徐州的城市辐射力。通过打造多个新型城镇化的城乡协同接口，提升重要城市功能板块。

根据之前的分析和自然地理因素的明显分割，本项目可以自然而然的分为三个片区，每个片区内都布局一个空间提质的接口空间。

①接口空间一——南部休闲健康核心区

本片区期望依托山水环境优势（王长山、卧牛山等）与云龙湖旅游度假区共同组成徐州的旅游新坐标，规划复原"田园城市"思想，打造山水园林蓝图，发展养生、养老、休闲、文化创意、总部办公等功能。因此，以轨道站点为核心的步行系统将轨道站与周边区域相结合，利用以轨道站为核心步行系统的影响范围，整合公共空间。同时，通过步行廊道组织，将二维的公共空间提升到立体球型扩张的三维形态。通过放大轨道交通站点为交通换乘节点的公共辐射能级，由此强化整体带动发展，形成地上地下整体开发的整体布局。对接徐州西部的第一产业，发展商贸、办公、会展、酒店、有机食品集聚区，以作为西部地区的核心公共空间。

②接口空间二——中部城乡协同魅力区

传统的城乡关系是二元对立，在新型城镇化视角下，城乡应该协同共生。城乡一体化不仅是"乡"的工作，也是"城"的工作，城市必须提出相应的接口才能帮助和促进乡村地区的发展。本区域将打造最活力四射的现代水岸，是凝聚人气的运河魅力点。标志性的城市环形空间形成南北向公共水轴的科技之心，充分调动周边的大学校园的科技研发，全面强化土地价值与整体形象。科技交流中心将为新田园之城

提供核心可持续的发展技术支撑，成为推动区域田园城市的发展动力。功能配套有科技交流中心、科技公园、步行环、公园商业区等，是徐西田园新区的科技引擎。

③接口空间三——北部物联商贸片区

主要发展物联网、电商中心、电子商务，城市配送，专业市场等功能，规划结合连云港的港口发展"内陆物流自贸中心"。

因此，本片区将打造新型城镇化的城市接口，城乡协同的推动引擎，力图实现区域协同（三省之间），片区规划的目标位城乡协同，南北协同，东西协同。

七、小结

我国的快速城市化过程中，随着建设用地的急剧扩张，对农用地与生态用地占用较大，对自然资源也造成了不可避免的破坏，因此在城市建设中越来越重视到开敞空间的价值。近年来"生态城市""精明增长""紧凑城市""低碳城市"等城市发展理念越来越被人们所接受，所涉及的内容与开敞空间涵盖的内涵具有很强的一致性。在推动城市向更高层次的新型城镇化发展之中，合理保护并利用乡村的自然要素，以城市的开敞空间为基础构建田园框架，在城市活力提升与场所营造方面做出应有的贡献。同时注入现代城市设计元素，用地缘设计手法体现城市设计的文化脉络，才能营造和谐共生的新型城镇空间。

参考文献

[1] （美）查尔斯·瓦尔德海姆. 景观都市主义[M]. 刘海龙，等，译. 北京：中国建筑工业出版社，2011.

[2] 翟俊. 景观都市学[J]. 新建筑，88-94，2008.

[3] 华小宁，吴琅. 当代景观都市主义理念与实践[J]. 建筑学报，2009（12）：85-89.

作者简介

高其腾，硕士，上海建筑设计研究院有限公司，建筑与城市设计研究中心，工程师。

7.土地利用规划
8.南部片区—休闲健康片区
9.中部片区—城乡协同片区

西安领事馆区及周边地区城市设计
Xi'an Consulate Area and Surrounding Area Urban Design

李 毅 李芳芳 于姗姗
Li Yi Li Fangfang Yu Shanshan

[摘 要]　在西安市国际化大都市的大背景下，陕西省、西安市正式确立了"建设浐灞金融商务区，构建西部重要金融中心"的战略目标，并与近年正式批准确立其为省级开发区。随着西安领事馆区获批落户浐灞金融商务区，以及各项重点工程的建设启动，为浐灞生态区提供了极好的发展机遇，为本项目提供了更多的契机与特性。本文以浐灞生态区领事馆区及周边地区城市设计作为研究载体，将绿色城市与立体城市设计理念相结合融入项目，通过对项目的可达性、生态性、识别性、开发性、多元性等方面进行规划设计，为地块开发探索一种全新的解决方法。

[关键词]　金融商务区；绿色城市；立体城市；开发形态；交通组织；土地利用；绿化景观

[Abstract]　In the backdrop of the Xi 'an international metropolis, Shanxi province, Xi 'an, formally established the strategic target of "building the Chan- Ba financial business district, structuring the western important financial center", and with the approval to establish it as a province-level development zone in recent years. With the Xi'an consulate area were received residency Chan-Ba CBD, as well as the construction and startup of the key projects. Chan-Baobtained excellent opportunities for development, for provided chance and characteristics for this project. Taking Xi'an consulate area and surrounding areasurban design as study carrier , we combined the concept of Green City and Great City blending in the project, Planning for Accessibility. Ecology. Identity. Development. Diversity and so on, to explore a new solution for plot development.

[Keywords]　CBD; Green City; Great City; Development Pattern; Traffic Organization; Land Use; Greenery Landscape

[文章编号]　2016-75-P-036

1.总平面图

一、项目概况

基地位于浐灞河流域交汇区、西安浐灞生态区金融商务区内，通塬路以北、浐灞大道以南、金茂十路以东、东三环以西，规划面积约110亩。

基地处于城市快速路东三环、广安路、在建地铁三号线的直接辐射圈内，同时东临浐灞生态区管委会、金融商务区硬核区，南依金融后台服务区，北接大型生态居住区，地理位置优越，交通便捷，是承接西安市主城区外围以及浐灞生态区综合功能枢纽的理想区域。

项目区位优势显著，与西安市区及其他区域的交通通达性增强，消费可达性及生态景观附加值高；邻近城市干道与机场联系便捷，具备极强的全国化辐射能力。

二、项目背景

1.生态建设背景

中国的城市建设历经30余年迅猛发展后，城市生态越来越受到重视，生态已成为城市幸福感、综合实力的重要指标。自浐灞生态区成立以来，一直本

着"绿色城市"的目标定位进行城市规划建设，使社会、经济、生态环境均可持续化发展。并连续取得"中国最具影响力十大生态区""全国生态文化示范基地""国家绿色生态示范城区"等殊荣，在这样的城市建设背景下，我们必须要以最创新的态度去探索与实践，这1km²的土地能创造出怎样的奇迹，以彰显浐灞的绿色生态与国际魅力。

2.区域发展背景

西安是我国历史上重要的历史文化名城和西部地区的中心城市，同时具备丰富的新区开发与建设经验，业已形成"四区一港两基地"7个城市新区的重要格局，其中浐灞生态新区承担着主城区人口疏散、未来人口及产业调整的扩散和转移区域，承载着生态补偿区等重要作用。

《西安金融商务区控制性详细规划》对区域的定位为：以金融、商贸、信息后台服务为主，集综合办公、会展、文化、旅游、研发及居住等高端服务业于一体的滨水生态型城市金融区。集"金色"金融与"绿色"生态于一体的生态型金融商务功能区，将成为西安国际大都市的金融核心区、关中天水经济区金融服务支持基地、中国西部金融创新实验区。

随着金融商务区的成立、领事馆区的批复、生态环境与重大工程的建设，浐灞生态区将成为西安市东北发展轴上的引擎，引领城东发展新格局，这无疑对处在整个浐灞核心地位的基地职能与形象提出了极大的挑战。

3.经济发展背景

在西安国际化大都市建设背景下，主城区拓展速度加快，经济需求不断增长，城市空间格局与经济商圈多中心化已不可逆转，业已形成以钟楼商圈为核心，小寨商圈、高新商圈、土门商圈、雁塔商圈等多中心商圈共同发展的模式。对于正在提速建设的浐灞生态区来说，必须完善地区公共职能建设，弥补缺失的城东商圈。本项目的建设可以完善商圈的均衡发展、强化城东经济格局，为浐灞发展注入经济活力。

三、规划诉求

1.生态性与开发性诉求

——满足绿色城市建设及实现地区土地价值

（1）浐灞生态区绿色城市的建设要求全区、尤其是重点区域绿地率≥35%，人均公共绿地面积

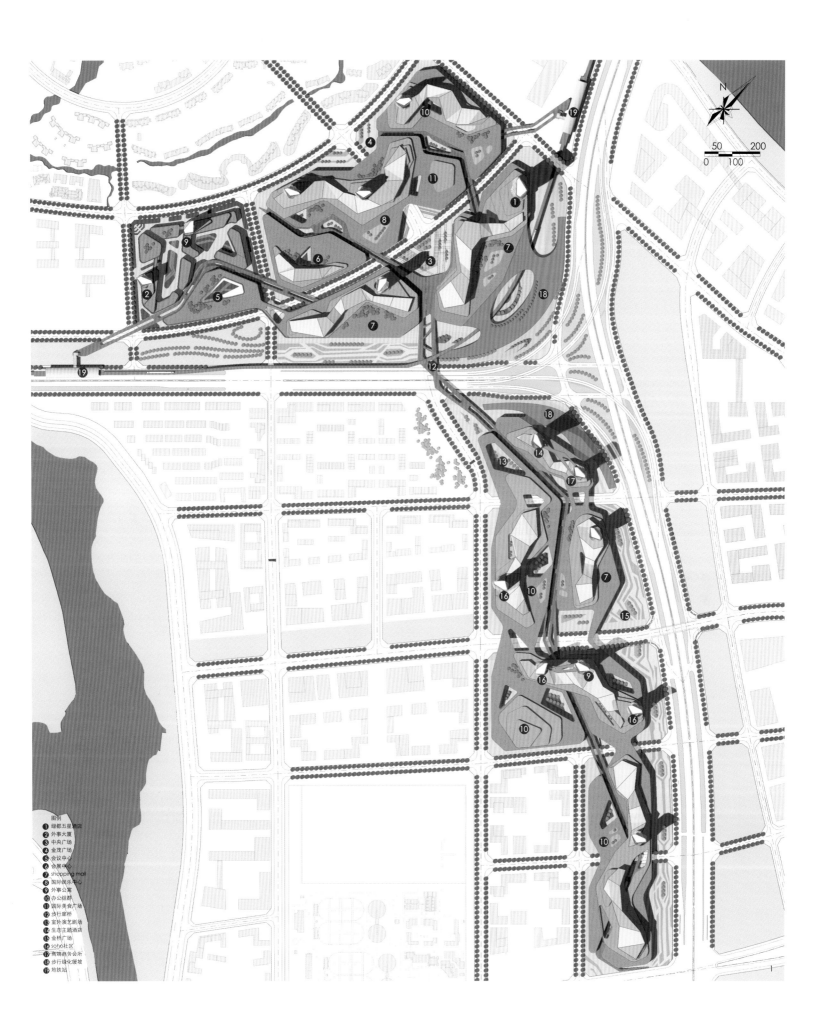

图例
1 绿都五星酒店
2 外事大厦
3 中央广场
4 金茂广场
5 会议中心
6 会展中心
7 shopping mall
8 国际娱乐中心
9 外事公寓
10 办公组群
11 国际美食广场
12 步行廊桥
13 室外演艺剧场
14 生态主题酒店
15 金桥广场
16 soho社区
17 高端商务会所
18 步行绿化缓坡
19 地铁站

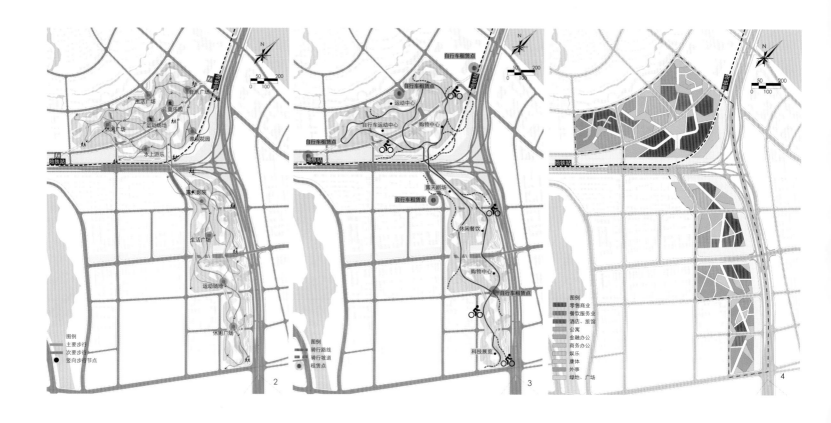

≥20m²。且基于浐灞生态区对碳汇需求的增加与重视，保证一定的绿量是本项目的基本出发点。

（2）CBD区域对产业支撑的土地诉求及建设强度要求。

一方面，CBD区域土地价值巨大，土地要求高效集约利用，对建设强度要求较大。另一方面，由于受机场净空的高度限制，地区的建筑高度受限，这必将影响到地块的容积率。且现代城市规划对公共空间开发的要求亦越来越高。

因此，如何在保证绿量、生态的基础上，注重CBD地区的开发及公共空间建设，将是我们规划要重点解决的问题。

2. 识别性、多元性诉求
——地块的特色营建及功能的合理组织诉求

项目的发展定位除了满足城市和区域的宏观要求外，还与周边重要功能区有着密切的关系，场地周边微观环境的分析有助于片区与周边区域的协调互补。

基地位于三角洲核心区域，是周边居住人流、办公人流的交汇集散处，是各种功能的附着体。领事馆的入驻会带来一部分的外事活动，由此延伸出来的外资企业、跨国企业高管、领馆内的外籍工作人员、家属及居住在CBD区域内高档酒店的外籍旅客将会使CBD商圈成为西安外籍人士最多的区域。如此庞大的市场急需一个具有复合化城市功能且极具特色的

CBD核心区来满足各种产业配套及服务需求。

3. 交通可达性诉求——南北割裂及内部交通的疏导

（1）区域交通

东三环与广安路、高架地铁三号线是金融商务区及基地联系西安市区及其周边区域的重要交通干线，未来交通负荷极大，且造成了基地乃至金融商务区的割裂。将其切割成A、B、C三大区块；B区与C区可通过金桥三路高架联通；承担A区与B区，A区与C区连接的城市次干道金茂一路、金茂七路与金茂九路均不能实现互通，只能绕行。

（2）基地内部交通

基地周边除浐灞大道全线建成外，金茂一路、金茂七路、金茂九路、金茂十路、金桥三路、通塬路均建成部分路段。因此，如何合理疏散外部交通、疏导内部交通、加强地块南北联系将是我们此次规划的又一重点。均建成部分路段。

四、定位与目标

1. 功能定位

基于完善城市级商业配套，通过复合功能的植入、低碳化生活方式的引导、多元化商业交流的培养提升引领CBD新风貌，本规划将其功能定位为：集

外事办公、涉外酒店、大型购物中心、高端办公、星级酒店、soho创意生活、高端公寓、多层次空间景观等多种功能于一体的综合型CBD核心商务区。

2. 设计目标

在满足各种诉求的前提下，规划设计将绿色田园城市与立体城市的部分概念叠加，通过造地控量，绿意漫城的布局手法，营造"城在园中，园在城中，人在绿中"的城市空间意向，实现"田园城市，立体公园"的发展目标。力将本项目打造为"国家绿色生态示范城区的典范"。

3. 战略目标

一个极具创意的门户地区；
一个生机勃勃、充满24h活力的核心枢纽；
一个实现能源高效使用、生活切合自然的区域；
一个拥有全区生态氧吧和全新公园的场所。

五、设计理念与策略

本次规划确定设计理念及策略为：

（1）公园形态

着眼区域的互动，构筑生态网络，将生态与功能和形态相叠加，形成公园都市的雏形。

（2）高效集约

5

实现人车的快速到达与疏散、土地与建筑功能的复合集约,形成绿色社区,实现城市的高效运转。

(3)节能低碳

发展绿色交通,以人为本,提倡公交与慢行;建立多层次、立体的交通网络;结合地形规划符合自然形态与气候的城市布局;打造分层级绿化;形成符合自然山林的天际线;透空庭院,保证采光与通风。

六、形态构思推演

(1)绿野——寻找一种生态连接、共生共荣的方式,赋予基地"绿色"的精神,成为基地最大的特色标识。

(2)台地与山凹整体抬升地形,沿地形勾勒底层建筑大平台,赋予建筑裙房的功能,作为大面积屋顶公园的基底。局部向下挤压,形成山谷内部平原。

(3)山林入口——侧面挤压地形,引导形成山林入口处的缓冲效果。

(4)台塬——加载退台式建筑,营造一种自然台原平缓起伏的地形效果。

(5)丘陵——屋面布置多层群落,丰富屋面景观及建筑功能形态,攀爬错落,营造丘陵效果。

(6)山峰——布置高层群落,满足商务核心区必须具备一定开发强度的需求,并利用高层界定地域。公园都市的雏形已经形成。

七、交通组织

1.道路等级

根据西安市浐灞生态区道路交通规划、金融商务区控制性详细规划,本次规划确定城市道路等级为:快速路—广安路;主干道—广安路;次干道—金茂七路、金桥三路、浐灞大道、通塬路、金茂一路;支路—金茂九路、金茂六路、金桥五路、金桥四路、金桥二路、金桥一路。

2.车行交通

(1)南北连通

为实现A、B、C区的互通,且考虑到安邸立交高架及东三环污水管线埋深较深,金茂一路无法实现下穿,故将调整金茂七路与金茂九路下穿广安路,解决金融商务区与基地南北联通的核心问题。

(2)交通疏散

规划选择穿越基地内部并承担城市支路等级的金桥五路、金桥四路、金桥二路,作为与浐河东路联

系的向 外疏散的三条横向道路。地面与地下停车开口尽量围绕疏散道路进行有导向的设置，保证车行秩序。并调整道路断面增加车道，提高通行量。

3. 人行交通

主要步行空间的确定——确定功能和空间节点，在功能的基础上，采用折线元素串联主要节点，打通基地脉络，形成富有趣味的、呈树枝状生长的、可快速联通的步行空间肌理。

地块划分及人行流线——以寻找最短的距离为原则，用自由的对角线继续切割地块并与轴线空间相交，联系主通道与部出入口。

空间抬升——将主要步行及商业空间抬升，从避免人车互扰的层面实现了人车分流、快速便捷的出行目的。

4. 静态交通

（1）地面停车

规划选择邻近疏散道路设置地面一层架空停车，为短暂通勤提供人性化的停车选择，行人更多集聚在二层及以上区域，实现快速停车、娱乐休闲、工作生活的高效转换，且有利于建筑的隔潮、通风。

（2）地下停车

规划地下一层停车全开发，局部设置地下二层停车。规划有导向地将地下车库出入口设置于基地与外界衔接的城市"后巷"道路上，由金桥五路、金桥四路、金桥二路向西输送到浐河东路与主城区联系，由金茂六路向北输送到东塬路与主城区、城南连接。

下穿道路金茂九路与金茂七路设置港湾式衔接口，与地下停车空间相连，实现南片区地下空间与城市道路的互通。

5. 慢行系统

（1）步行游览系统

一层地面空间由于受到地面停车及城市道路的阻隔，原本承担的公共活动功能将被提升至二层，利用架空的主空间平台形成主要步行流线，利用连接主平台与各入口广场节点的架空廊道形成次要步行流线，通过自动步道、电梯、轨道等协助快速移动，实现上下层的灵活连接，构成整个区域的立体无障碍步行网络，联通、激活公共空间。

屋面步行——在屋顶大面积的绿化空间中，根据地形与建筑的走向、主要空间的连接灵活规划主次步行流线，屋面设置休闲、娱乐、健身、生活性广场与儿童乐园，把休闲体验转移到屋面上，鼓励人们释放压力，更进一步亲近自然。

（2）屋面骑行系统

屋面设置专用自行车道，环线串联各个地块，公共服务设施，交通站点及各类开放空间，同时按照300~500m的服务半径设置公共自行车租赁点。

（3）公共游览系统

提倡绿色出行，减少小汽车通行，规划结合主步行空间设置小型电力车，穿越南北地块与地铁站接驳，快速连接各区域并与外部连接；在主要活动节点布置轨道站点，为各区域提供舒适便捷的交通服务。

八、土地利用

1. 开放空间的预留

在主次空间交汇处，在地块内部、外部节点处预留不同形式的公共空间，打开通道式的街区系统，形成疏密结合的绿色斑块。

2. 土地的混合利用

遵循低碳城市的理念，基地的功能选择不强调功能分区；用地上除保留一处完备的领事馆用地外，其余地块进行细分，混合布置商业休闲、商务办公、酒店接待、文化娱乐、公寓soho等多元功能，并对其进行功能融合和空间的紧凑安排，实现土地价值的最大化和生态景观的最优化。拒绝睡城和空城，体验真正的24h上城生活。地块北部的综合服务功能稍强，可以作为一期开发地块考虑。

3. 建筑功能的立体复合

建筑提倡综合使用模式，建筑复合体不单在平面上有一些公共商业设施，在垂直方向上混合停车、商业、居住、办公、娱乐、康体等功能，进行立体化多用途的配置，形成综合性的、具有多样化功能的社

区，以实现建筑、空间、环境的多元化与高效转换。

九、绿化景观与形态

1. 流线型城市

规划的城市布局呈流线型，可令自然风较平均分布在大小街道中，利用自然风冷却城市布局，节省能源消耗。

建筑布局上改变以往正南正北的布局方法，利用建筑有规律的错落及单体的旋转，使建筑之间的通道空间与常年主导风向保证一定的角度或平行关系，有利于自然通风与降温。

2. 天际线与塔楼

由于净空要求的限制，基地内地标建筑的高度控制在140~150m，其余高度普遍控制在100~130m，在规划地块内均匀分配，建筑成组群分布，部分由空中连廊相连接，视线非常通透。整体形成高低错落、富有韵律的天际线形象。

3. 绿色屏障

沿广安路和东三环的城市绿化带，除作为整个金融商务区的绿化骨架，起到绿化吸音，隔离噪声污染的作用外，又可与将其引入基地的景观设计，结合空间节点共同设计。

有选择性的将安邸立交结合城市绿化带与建筑结合起来，建造坡面与建筑平台相连，将公共空间延伸到城市外围，拓展了视野，整合了城市界面形象。

4. 分层绿化

在城市森林的不同空间里，种植不同的植被，体现从下沉广场、地面、建筑、屋面等多维度绿化体系，为不同使用人群提供不同层级的体验空间，增加绿化与人的互动，改善局地气候和生态服务功能，最大限度地减少能耗，使简单的绿化更有魅力。

规划绿地率35%，地面绿化16.0 万m^2，绿化率25%；屋顶绿化43.3万m^2，按20%计算绿地率10%（其中私有屋顶绿化11.2万m^2，不计入绿地率）。实际将有更多的绿化面积，大大超出了普通地面绿地形式的使用面积及生态效益。

5. 垂直绿化

在底层公共庭院进行适当的大型绿植，将地面与屋面景观联系起来，创造点和面的连接；在建筑物和构筑物的立面种植绿化，改善局地气候和生态服务功能，使绿色延伸至天际，拓展城市绿化空间，创造了强化水平与垂直方向的绿化互通效果。

6. 透空庭院

在全覆盖平台上，划定不允许建设的区域，如道路、公共绿地和地块内庭院。通过天井/中庭实现大面积自然采光、通风降温，并将屋面公共空间延伸到建筑室内。在此类空间中设置公共感兴趣的用途和节目。

设置下沉庭院，地面层和地下层联系在一起，使阳光可以直射地下空间，并且提供舒适的休闲和商业设施。种植以小乔木和灌木为主。

作者简介

李 毅，上海同济城市规划设计研究院丝绸之路研究中心，主任；

李芳芳，上海同济城市规划设计研究院丝绸之路研究中心 规划师；

于姗姗，上海同济城市规划设计研究院丝绸之路研究中心，规划师。

6.夜景鸟瞰
7.黄昏鸟瞰
8~9.白天鸟瞰

以会展产业为核心的高密度城市设计策略探讨
——以西宁南川国际会展商贸集聚区城市设计为例

High-density Urban Design Strategies Based on the Exhibition Industry
—As Example of Xi'ning Nanchuan International Trade Exhibition Gathering Area Urban Design

朱红兵 程 亮
Zhu Hongbing Cheng Liang

[摘　要] 21世纪以来，随着经济贸易全球化的快速发展，会展产业高速发展。本文以西宁南川国际会展商贸集聚区城市设计为例，从产业功能组合、地域文化传承、人性化城市公共空间创造、土地开发利用模式、公共交通体系等方面探讨以会展产业为核心的高密度城市空间设计策略。

[关键词] 会展产业；高密度；城市设计；策略

[Abstract] Since the 21st century, with the rapid development of economic and trade globalization, the exhibition industry is rapidly developing. In the paper, we take the Xi'ning Nanchuan international trade exhibition gathering area urban design as an example for probing high-density urban design strategies based on the Exhibition industry, which is about combination of Industry features, regional cultural heritage, humanized urban public space, land development and utilization patterns, public transport system, etc.

[Keywords] Exhibition Industry; High-density; Urban Design; Strategies
[文章编号] 2016-75-P-042

1.西宁一带一路商贸会展城（规划）
2.西宁一带一路总平面图

一、引言

21世纪以来，随着经济贸易全球化的快速发展，地区间各种贸易及信息交流活动越来越频繁，会展产业在这种趋势的推动下高速成长、蓬勃发展。素有"城市经济主推器"之称的会展产业，对城市交通、住宿、餐饮、旅游、购物、贸易等相关产业的联动系数约为1:9，在如此高效的经济效益的引导下，目前，我国已形成了北京、上海、广州、重庆、深圳等若干会展城市。但在我国的西北地区，却还未形成成熟的会展城市。在此背景下，西宁"十三五"规划要求南川片区"借势国家'一带一路'战略，大力发展商务会展等新兴服务业，加快国家旅游商务会展中心建设，提升承办和举办国际国内重大会展、展览的层次和水平，着力打造'一带一路'开放新平台和全省旅游商务会展融合发展示范区"，从而推动城市经济结构转型、提升城市功能、带动城市空间结构的良性发展。

二、会展产业与高密度城市的关系

会展产业作为一种新的产业类型，是现代经济体系的有机组成部分，同时也影响着城市空间结构的发展。在城市中，由于会展场馆附近便利的交通条件，吸引了会展企业、会展服务商及相关配套产业纷纷集中在该区域内，形成了会展业集聚的向心力，产生了集聚效应。这样的集中布局，功能混合是其最主要的特点，势必要求在单位面积的土地里为多样性的人的活动提供丰富的功能空间；同时会展业的发展必须依托城市良好的基础设施（如先进的展馆、便捷的交通、优良的餐饮服务及可供休闲与旅游的自然风光和人文景观等）才能最大化地发挥其经济效益。而高密度城市空间发展方式具有"功能混合、节约资源、提高土地经济效益、交通便捷"的特征，这些特征能很好地满足现代会展产业集聚区的发展要求，也就成了城市发展的必然选择。

三、高密度城市设计策略

2015年中央城市工作会议首次提出"紧凑城市"理念，要"科学划定城市开发边界，推动城市发展由外延扩张式向内涵提升式转变"。"紧凑城市"是一个高密度土地混合利用的城市空间增长模式，这个城市规划理念凸显空间功能的紧凑，注重高效率和高质量，其最终追求的是有效发挥城市经济的集聚效益。笔者基于这一基本的城市规划理念，并结合会展产业的发展要求，提出了"高效的产业功能组合—传承地域文化—人性化的城市公共空间—方便快捷的城市交通体系"的空间设计策略。

1.高效的产业功能组合策略

城市的开发建设离不开产业经济的支持，同时城市的开发建设完成后又会对城市产业经济起到促进和提升的作用，二者相辅相成。这就要求规划师在城市开发建设中，需结合城市产业经济的发展进行正确分析，不能盲目"下笔"。首先，需要对产业经济发展有充分的了解和研究，确定其核心功能、特色功能和基本功能。其次，基于城市经济发展水平对各功能发展规模做出合理预测。最后提出高效的产业功能组合模式及布局模式。

2.传承地域文化策略

当代城市高密度开发，或多或少会忽视对地域文化特色的保护与传承。这要求规划师在城市开发建设的过程中，需对地域文化特色作出积极的回应，结合公共开放空间、现代文化建筑展示地域文化特色。

3.人性化的城市公共空间策略

城市中高密度地区的公共空间是属于公共价值领域的公共空间，是担负生态、文化、景观、保护等多重目的而存在的高密度地区公共外部空间，是真正为该地区提供各种公共活动、社会生活服务的外部空间场所。高效利用的城市公共空间不仅是人们活动的承载体，还承担着保存城市记忆和延续城市文化的职责，更是城市生态系统中的重要组成部分，对实现高密度城市的可持续发展极为重要。针对区域内的特定人群的空间使用和行为方式，营造特定的景观氛围。

4.混合开发策略

高密度城市空间的高度集聚，让各类功能用地的混合利用成为必然；人口密度、建筑密度的增加，

使得城市各种功能在空间上的并置叠加和时间上的复合使用成为可能。建议结合TOD开发的空间集中和土地混合发展模式,最大化的集约利用资源。

5. 方便快捷的城市交通体系策略

方便快捷的城市交通体系不仅能够保障城市居民出行的安全、舒适和货流、物流的畅通,还能够引导、带动城市建设布局的调整与完善。高密度城市由于功能空间和活动的高度集聚,急速增长的城市交通量不仅要完善城市道路交通基础设施的建设,更要依靠优化城市公共交通体系来解决。建议以大运量的轨道交通为核心,以公共交通引导为主,并加强轨道站点与其他交通方式的接驳;同时为居民采取步行、自行车等出行方式创造良好的条件,鼓励低碳出行。

四、西宁南川国际会展商贸集聚区城市设计策略分析

西宁南川国际会展商贸集聚区(以下简称"会展商贸区")西宁中心城区南部的南川片区,由西塔高速路紧密连接城市中心区与南川工业园区,经南绕城及京藏高速可至西宁市卫星城——多巴新区及重要对外交通枢纽——曹家堡机场与西宁火车站。交通十分便捷,区位优势明显;同时也是南进塔尔寺民族文化风景旅游区的门户,是南川片区风情特色的重要展示窗口。此次规划范围北起兴旺路,东临南川河,西倚西山,南接绿带,总面积为226km²。项目组针对南川发展机遇和发展目标进行重点分析,旨在通过对各项功能重新定位定量研究,以达到集约高效利用的目的,同时注重文化、生态、功能和特色的提升,最终打造21世纪的国际会展商贸区。

1. 高效产业功能组合的设计策略

通过对西宁的发展机遇及经济发展水平的研究,重新明确该片区的产业发展内容:以会展经济、商品贸易、文化旅游、创意产业为主的城市专业中心。其中核心功能是会展商贸、国际交流,特色功能是文化旅游、创意产业。再通过案例类比法,对各主要功能的规模作出较为合理的预测,并通过"曲苑方城"的布局模式,最终形成高效的产业功能组合。

(1)重新明确产业功能

规划从国家"一带一路"发展战略入手,结合西宁"十三五"规划,进一步对西宁南川片区的产业

发展内容进行了明确：为中西亚友好国家和中国西部省份提供专业的会展综合服务设施，为公司机构提供专业的贸易洽谈商务活动平台，为世界人民提供专业的文化旅游休闲中心，为国际性人才提供专业的创意产业基地。

（2）合理预测产业功能的发展规模

合理的产业功能发展规模预测，能最大化地将城市经济发展潜力挖掘出来，同时避免空间的闲置浪费。规划确定了会展商贸、国际交流为会展商贸区的核心功能，通过案例研究发现，会展中心的建设规模与城市经济发展实力基本呈正相关性，并且国内会展中心功能构成基本可概括为：会展、会议中心、商务办公、商业娱乐、酒店公寓，而展厅和会议作为主导功能，占会展中心总建设规模的40%~50%。对西宁未来10年的经济发展水平进行预测，从而预测出会展中心总的建设规模约为35万~45万m²，其中会展会议规模大约为15万~20万m²，商业娱乐规模大约为7万~10万m²。

规划同时确定了文化旅游、创意产业为会展商贸区的特色功能，同样基于案例研究，对西宁未来10年的经济发展水平进行预测，从而预测出文化旅游城规模大约为8万~15万m²，创意产业园规模大约为2万~3万m²。

（3）运用"一方一曲"的布局模式

规划依据产业发展特点及功能的内在联系，将会展商贸区分为了两大产业发展板块，板块一为会展商贸城，采用方城的布局模式，强化功能之间的相互联系，产业集聚，建筑空间定制，模块组合，强调建筑空间的高效利用。板块二为文旅双创园，采用曲苑的布局模式，强化自然景观的渗透，塑造自然生态的建筑空间。一方一曲，一静一动，方城集聚，既有助于功能业态的高效整合，同时有利于形成更具现代品质的城市空间；曲苑自由、灵活多变的空间有利于塑造生动趣味的城市空间。

2. 传承河湟地域文化特色的设计策略

为突出河湟的地域文化特色，规划在会展商贸区内结合公共开放空间设置了一条"丝路文化长廊"。丝路文化长廊既是会展商贸城和文旅双创园的过渡区域，亦是整个区域文化展示的中心区域，通过文化将两大产业集群联系起来，也是对西宁在古代丝绸之路中"驿站"作用的现代诠释。通过各式各样的文化展示，以及现代旅游设施、商业的布置，运用抽象继承的手法对长廊两侧的建筑进行河湟风的塑造，使文化长廊两侧建筑融合了现代和传统的特征，塑造了一幅古今交融的丝路文化图景。

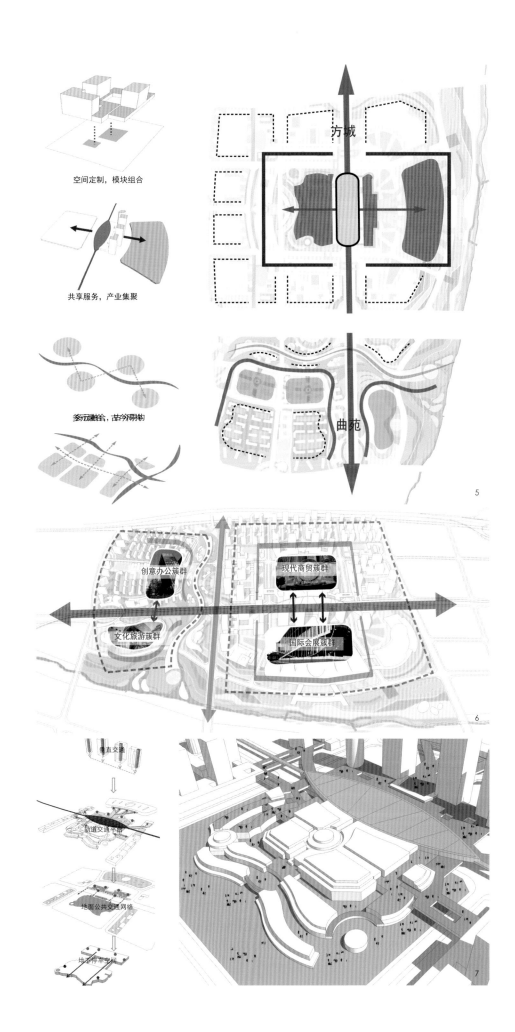

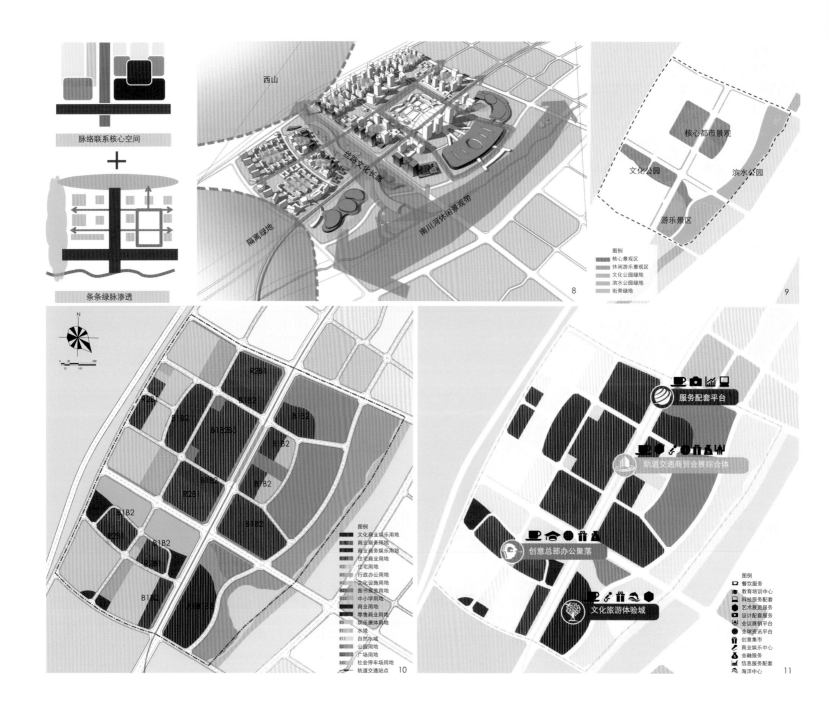

3. 塑造人性化城市公共空间的设计策略

为塑造人性化、满足高密度地区居民游憩需求的城市公共空间，规划在会展商贸区219.3亩的建设用地中，划出33.16亩的用地作为公共绿地（包括G1公园绿地和G3广场用地），其中包括两条主要的活力景观脉络，作为区域内公共空间的主要构架；在此基础上，多条绿脉渗透到场地内部，体现景观资源的均好性；最后，针对区域内特定人群的空间使用和行为方式，营造特定的景观氛围。

（1）设置两条活力景观脉络及多条绿脉

规划深入挖掘文化要素，结合整体定位及现状

资源禀赋，塑造南川河休闲景观带及丝路文化长廊，在此基础上构建多条绿脉廊道渗透到基地内部。南川河休闲景观带及丝路文化长廊主要联系城市的西山、南川河、城市隔离绿地的景观，多条绿脉渗透则与两条主要脉络共同构成一体化的生态廊道，并通过生态绿环的植入，将各类景观节点串联起来，形成轴带结合，环串彩珠的景观格局，从而保证景观视廊的通透型和均好性，满足高密度地区的居民对景观资源的需求，突出了高密度地区与自然的和谐共生。

（2）营造特定的景观氛围

规划将会展商贸区内的绿地分为核心景观区、

休闲游乐景观区、文化公园绿地、滨水公园绿地和街旁绿地5类。核心都市景观是以复合型景观为主，由与建筑功能组团紧密结合的地面、地下、空中廊道及屋顶花园组成；文化公园是以地面型公园为主，由滨水绿地向基地延伸，具有连接城市休闲娱乐空间及文化艺术空间的作用；休闲游乐景观区由游乐场作为主体功能构成，以游乐设施等为主要活动场所；滨水公园由滨水绿地组成，包含节点广场与滨水游憩空间；街旁绿地位于道路两侧，与建筑紧密结合，提供连续性的丛荫街道，联系各个公共开敞空间。

4. 紧凑集约、复合开发的设计策略

高密度城市在单位面积的用地上提供了最大容量的生活、生产空间，决定了其要遵循紧凑集约、复合开发的发展模式，从而提升城市的效率。因此，应采取紧凑的规划布局，结合TOD开发模式进行功能的复合开发。

（1）紧凑集约、复合开发的街区

会展商贸区在明确的产业功能分区基础上，复合了其他辅助功能，区域内各类混合用地占总建设用地的29.87%，混合用地规模为65.5亩，混合用地包含的用地类型主要有2~3种，均含有商业用地性质。在每个城市商业商务综合平台里配备相对应的配套服务功能，如会议展销平台、创意集市服务、金融配套服务等。土地的混合使用将城市居民的居住、工作、游憩等活动集聚到一起，在较少的空间内满足了居民的多种需求，解决了长期以来由于城市功能分散所导致的不必要的交通需求，避免了城市的高通勤成本，同时也避免了城市人口昼夜"钟摆式"的变化，从而创造出紧凑集约、富有活力的城市复合街区。

（2）结合轨道交通站点打造一个共享服务平台

规划将会展商贸区内的轨道交通站点升级为交通枢纽，完善平面公共交通网络，以及立体步行流线组织，形成高效有序的产业服务平台。该共享服务平台向内连接国际商贸城，向外连接会展中心展馆，同时平台一直延伸至滨河景观区，作为滨河景观平台的一部分，同时通过二层连廊、屋顶平台及内部院落的设置，形成错落有致的空间，同时促进各类功能空间之间的交流共享。

（3）TOD模式引导城市的开发强度

按照TOD轨道交通开发模式，城市的开发强度向轨道站点集聚，轨道站点200m范围内的开发强度最高，以商务、商业等公共服务功能为主，400m范围内的开发强度次之，以社区中心功能、配套居住等功能为主；400m范围外的区域以社区开敞空间和低密度、低强度开发为主。但土地开发强度不能盲目遵循这样的原则，还应结合实际情况考虑。例如在滨河区域是会展场馆的集中区域，也是滨河景观的主要展示区域，应适当降低开发强度；基地南侧是城市隔离绿地，也应适当降低开发强度，使城市开发向自然景观和谐过渡。基于以上考虑，最终形成了合理的城市开发强度建议。

5. 构建方便快捷城市公共交通体系的设计策略

为构建方便快捷的城市公共交通体系，会展商贸区主要从两个方面进行设计。首先是落实轨道交通的设置，同时使公交车300m范围覆盖率达到90%以上；其次强化公共交通站点与居民低碳出行方式的接驳，重点是完善居民的步行系统及自行车出行系统。

（1）务实的公共交通方式

规划结合会展商贸区的交通发展需求、城市和经济发展背景，落实控规中交通换乘枢纽的设置及地铁轨道交通的覆盖。城市主要交通走廊设置公交线路，通过次要道路实现公交线路之间的连接。在会展商贸区的公共交通体系建设中，应突出轨道交通的主体地位，同时注重轨道交通与其他交通方式的接驳，并配合其他常规公共交通方式，使公共交通分担率达到75%以上。轨道交通站点500m服务范围，公交站点300m服务范围覆盖会展商贸区90%以上的区域。

（2）建设高效的自行车系统及步行系统

高密度城市存在公共交通站点末端接驳的问题，因此需要建设高效的自行车系统及步行系统，使人们能够方便快捷地从站点到达目的地。规划在会展商贸区构建了高效的自行车系统：将自行车线路分为主要自行车流线、辅助自行车流线、滨水自行车流线、景观休闲游线四种。同时还构建了高效的步行系统：步行流线分为景观步行流线、生活步行流线、特色步行流线和立体步行流线。其中特色步行流线主要针对特色街道设计，其中包括地铁核心区步行街道、景观休闲步行街道。

五、小结

在城市高密度地区，城市环境问题也相应激化。高强度城市职能在有限空间范围内的集聚，容易对区内的城市生活环境品质造成负面影响。本文针对西宁南川国际会展商贸集聚区的主要特点的问题，从产业功能入手，以会展商贸、国际旅游为核心功能，以文化旅游、创意产业为特色功能，并提出了合理的产业发展规模及布局模式，同时倡导河湟地域文化的传承，创造人性化的城市公共空间，鼓励紧凑集约、混合开发的土地利用模式，构建方便快捷的公共交通体系等设计策略，旨在构建一个紧凑高效、和谐宜居的高密度城市。

参考文献

[1] 徐旖茜. 高密度城市公共空间景观的比较研究[D]. 天津：天津大学，2013.

[2] 韩笋生，秦波. 借鉴"紧凑城市"理念，实现我国城市的可持续发展[J]. 国际城市规划增刊，2009：263-268.

[3] 林胜华，王湘. 高密度空间的设计理念和方法初探[J]. 浙江建筑，2006.

[4] 杨潇雨，杨健. 现代高密度城市商业中心形态设计与城市形象塑造[J]. 商业设计，2009.

[5] 黄大明，赵红红，周昊天. 高密度环境下的城市空间设计策略探析——以广州国际金融城起步区为例[J]. 规划师，2016（3）：54-60.

作者简介

朱红兵，华东建筑设计研究院有限公司规划建筑设计院第一设计所，助理工程师；

程 亮，华东建筑设计研究院有限公司规划建筑设计院，第一设计所，副主任工程师、设计总监。

区域协同与产城融合的带型城市副中心高密度建设区塑造
——以四川德阳亭江新区核心区城市设计及控规为例

High-density Construction Area Shaping in Linear City Sub-center of Regional Collaboration and City and Industry Integration
—Taking Urban Design and Control Planning of Core Area, Tingjiang New District, Deyang, Sichuan as an Example

于润东 杨 超 马丽丽 何 涛
Yu Rundong Yang Chao Ma Lili He Tao

[摘 要] 亭江新区核心区作为德阳市与下属广汉县级市的市县区域协同发展的协作平台，肩负着政府层面城市治理的转型提升的重要使命。同时德阳作为四川传统的重装产业基地，城市因产而生，城市建设一直延续着产城融合的发展路径，目前却面临着产业升级的迫切需求。而作为四川典型的沿江生长的带型城市，在南部副中心的高密度建设区中，又亟须一个城市公共空间上的变化与引爆点，以实现区域协同和产城一体的空间落位。本规划以上述三个方面为主要突破口进行了具体的设计。

[关键词] 区域协同；产城融合；带型城市

[Abstract] Core area of Tingjiang New District is the city-county regional collaboration cooperation platform of Deyang and its subordinate county-level city Guanghan, undertaking the important mission to transform and promote government-level urban governance. Deyang is also the traditional industrial base of heavy industry in Sichuan. The city survives based on production, so the urban construction has followed the way of city and industry integration. But now it faces the urgent need of industrial upgrading. As a typical linear city developing along the river of Sichuan, a change and tipping point in urban public space is needed in the high-density construction area of the southern sub-center to realize the space position of regional collaboration and city and industry integration. This planning makes specific design by taking the abovementioned three aspects as the main breakthrough points.

[Keywords] Regional Collaboration; City and Industry Integration; Linear City

[文章编号] 2016-75-P-048

1.效果图
2.德阳城市设计总平面图

一、项目背景

（1）成渝经济圈，是继京津冀、长三角和珠三角之后的中国第四极。近年来四川经济快速发展，成都及周边城市群迅速崛起。德阳位于成都北部，距成都仅41km，具有良好的同城化发展条件。然而成都作为区域城市群的中心城市，具有巨大的吸力，周边县市均呈现出争抢成都各类外溢资源的态势，德阳中心城区就与其下属的广汉县级市有着直接的内部竞争，广汉作为成都北部的第一圈层，过滤与拦截效果明显，但随着区域城市群的进一步发展，已逐渐从第一阶段的各自为战甚至恶性竞争逐渐应向合作协同共

荣发展的方向进行努力及转化。本次规划的亭江新区核心区位于德阳南部，北接德阳中心城的经开区，南至广汉的金鱼镇连山镇，规划面积两个行政区约各占一半。

（2）在三线建设时期落户德阳的东汽、东锅、二重等国家级大型装备制造企业，使德阳成为"因产而生"的典型工业城市，拥有雄厚的产业基础，是传统的重装产业基地。然而近年来，低水平重复建设、产业类型单一、缺乏产业链拓展等问题日益凸显，产业升级的需求迫切。亭江将作为产城融合延续与提升的示范区，在继承德阳城市发展脉络的基础上转型提升。

（3）德阳作为四川一个典型的滨水建城、沿江生长的带型城市，城市滨水空间是其最大的公共开放空间及贯穿南北的城市骨架。在城市的发展建设中，德阳一直比较重视滨水绿化空间的退让与保护，取得了较好的效果，但也存在着南北较为单一平淡，缺乏空间收放的问题，因此在南部副中心的

高密度城市建设中，亟需一个城市公共空间上的节奏变化。

二、区域协同，联动发展的战略目标

1. 宏观层面：构建产业协作平台，带动成都德阳同城化

2013年8月，四川启动成都德阳同城化战略。德阳凭借区位优势和产业基础成为承接成都产业外溢最重要的地区之一。而成都到德阳城际铁路的开通，进一步强化了德阳对接成都的交通优势。亭江新区核心区位于德阳最南部，经成绵高速至成都市区仅40min，是向南对接成都的最佳空间节点。

因此，规划将亭江新区核心区定位为对接成都的产业创新核心和产业服务平台，特色引领的公共空间节点和城南生活核心。旨在通过良好的空间环境品质、高性价比的土地吸引成都外溢产业，形成对接成都的窗口，整体带动成都德阳同城化进程。

2. 中观层面：打破行政边界，实现德阳广汉互动协作

亭江新区地跨德阳中心城、德阳下辖的广汉县级市两大行政区，由于德阳是先有广汉等县，1983年后才经国务院批准成立的德阳市，因此从历史沿革上，虽然广汉隶属于德阳，但相对较为独立。此外，广汉市为省辖县级市，是四川省第一批"扩权强县"的单位，被赋予与设区市相同的部分经济和社会管理权限。因此，长期以来，市县两级同质化竞争严重，竞相争抢成都外溢资源。市县的界河石亭江两侧成为布局污染性企业的负面消极空间，而在亭江新区的广汉部分，原规划了污染性的工业园区和粮食示范基地，作为封锁和拦截德阳城市向南发展的屏障。在国家层面推出了诸如京津冀、长江经济带等区域发展战略的今天，区域协作已成为时代主流，市县跨行政区合作需求迫切。

规划抓住亭江新区建设契机，从城市治理的政府层面的转型提升角度，整合两大行政区的优势资

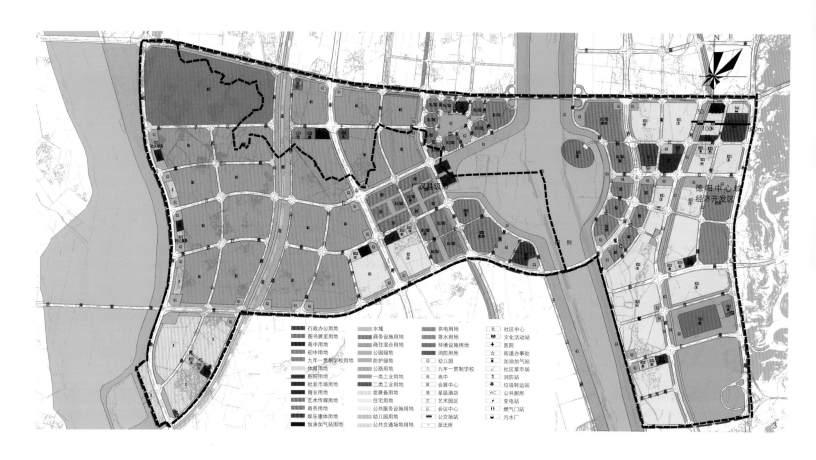

源，建立区域协作发展示范区，共同合力向南对接成都，变竞争为合作。

3. 微观层面：用地比例及功能构成建设强度跨行政区平衡

在具体的规划中，首先保障德阳市与广汉市两个行政区在规划用地比例上各占一半；其次，在不影响整体规划理念的前提下，两个行政区用地上的功能构成均采用多元化的方式，配置产业用地、公共服务、研发办公及居住功能，满足各自的土地出让诉求；最后，用地建设强度及建设量的赋予也予以一定的考虑，实现建设量的相对均衡，尤其是高密度建设区，规划中也在核心区内分成了几个簇群，使得德阳有一个高密度簇群和一个中高密度簇群，广汉也有一个高密度簇群，这样在保障建设量相对均衡的前提下，也能形成环水的三角空间关系，共同形成环水的大核心区整体意向。

三、产城融合创新模式

1. 东西延续，产城一体

德阳作为传统的重装产业基地，城市"因产而生"，城市格局上装备生产与城市生活结合相邻，密不可分。而亭江新区是德阳产业与生活向南发展的交

汇点，是产业升级的核心片区，规划延续德阳主城长期以来"东生活、西生产"的空间格局，确立"产城一体"的发展模式。并且在规划中，借鉴国内外产业新城的成功案例，将生产性服务业与生活性服务业集中共同布置于产业片区组团和城市生活片区组团的交汇点—亭江新区核心区中，使其成为产城交融的集中体现。

2. 柔性生产，引领升级

针对德阳面临的产业困境，转变传统的线性生产模式。在本地大企业与各自的外包加工企业基础上；植入"创新基础设施"；提供创新引擎与共享服务平台，从而集聚起本地中小企业形成柔性生产链条；逐步完善柔性生产链条，并为外部企业提供产业服务；最终吸引外部大企业，形成完整的装备制造产业集群。

3. 圈层布局，分级发展

构建圈层结构，并且结合土地价值，合理引导不同类型的产业分类、分级、分区，从内到外依次形成创新活力圈层、研发办公圈层和工业生产组团圈层。三个圈层利用良好的空间环境品质、土地价格优势及税收政策，共同承接成都外溢的创新企业、研发企业和工业企业和德阳自身大型企业所需配套或衍

生、孵化出的中小微企业。

4. 产城服务，联动布局

在生产、生活区交汇处布置大型企业研发总部集群；中型企业孵化中心；小型企业创业基地；产业服务公共展示区；文化艺术创意交流区；康体休闲区等六大功能板块。制造、研发产业板块和城市服务、创新功能联动发展。为德阳的亭江新区整体洽谈招商引进如中关村科技园、亦庄产业园、清华科技园等科创园区整体管理企业奠定良好的空间架构和基础。

四、山水城一体带动滨水城市的空间升级

德阳是四川典型的滨水建城、沿江生长的带状城市，东侧的龙泉山和贯穿城区的绵远河与城市平行延伸。德阳一直比较重视滨水绿化空间的退让与保护，百米左右的滨水绿化带基本得到了实现，取得了较好的效果。但作为城市最大的公共开放空间及贯穿南北的城市骨架，滨水空间在城市的发展建设中，但也存在着较为单一平淡、缺乏空间收放和天际线起伏控制的问题，且功能现状以居住为主，缺乏公共职能及商业服务设施。因此在南部副中心的高密度城市建设中，亟需一个城市公共空间和功能上的节奏变化。

1. 总体结构：打破德阳"山、水、产、城"的平行布局，营造"节点式"核心价值区

在延续"东生活、西生产"的基础上，在产业片区组团和城市生活片区组团的交汇点，围绕绵远河、结合现状挖沙所形成的坑塘进行水面的局部放大形成湖面，打造城市级别的大尺度公共开放空间，打破绵远河两岸的单一线性空间，塑造环湖"节点式"的核心区。

通过对其他城市开阔水面的案例分析对比确定水面和开敞空间的尺度，同时采用主河道为开阔水面以保障水利防洪，拓展部分为湿地岛链的景观方式减少挖方的工程量，实现大尺度开放空间中的丰富性和趣味性，并为四川原有自然河滩所栖息的白鹭提供生活空间，退城还绿逆向发展。规划连通中央湖面与龙泉山的绿化廊道，形成山水交融、城景互动的整体意向，以"山、水、城"的环境景观优势和空间特色更好地吸引成都外溢产业和人才。

2. 量化控制：总量适当，细化分类

作为城市副中心的高密度建设区，规划理性审慎地考虑新区的建设量，进行适当的总量控制，兼顾空间品质和集约建设，并根据不同功能细化建设量控制。

3. 高度及开发强度控制：高中低三级穿插布局，兼顾环境特色与土地集约利用

在确定适当总量的基础上，结合功能布局、土地价值、行政区划和城市天际线的起伏变化，将高层高密度建设区分为三个簇群环湖布局，相互呼应形成空间上的三角关系，并与中等高度强度建设区和低层低强度建设区交错穿插，形成融合有机的整体。

其中高层高强度开发主要为大企业总部办公，成簇集合，集约建设成为高密度簇群；中等高度强度开发强度主要为中小企业研发孵化，穿插布置，强化品质；而低层低强度开发强度主要为生活休闲交流，多为尺度宜人的步行街区，并近水布置，增强中央水面的开敞感。由此，使高层高密度建设区的宏大气魄、中等高度强度建设区的环湖适度围合感及低层宜人街区的尺度与格调共同构成相得益彰的城市空间。

五、城市设计与控规协同控制，与总体规划动态反馈

通过城市设计作为规划引导，编制城市设计导则，并与控规进行协同控制，在传统的强制性指标基础上，对环湖地块增加了高层建筑控制范围和同一地块建筑高度的分区控制。从而将高密度建设区的设计意向在地块层面进行控制落实。同时控规刚性控制与弹性预留相结合，保证公共利益的最大化与开发利益的合理化。进而与正在编制的总体规划动态反馈，协同推进，将用地方案落实在总规的土地利用规划之中并通过纲要审批。

六、小结

在区域协同发展已成为时代主旋律的今天，本次规划从城市治理的政府层面问题思考入手，在亭江新区的核心区中尽可能地将用地比例、功能构成和建设量分配上进行不同行政区划之间的协调与平衡。将市县两级用利益共同体的方式，避免恶性竞争，使其合力共同对接成都。在此前提下，根据德阳作为传统重装产业基地的特点，注重产城融合的延续与转型提升，通过产城一体、柔性生产、圈层布局等方式，建议避免分散产业用地开发的小散乱模式，为整体洽谈

招商引进成熟的科创园区管理企业奠定空间架构和基础。最后作为典型的沿江生长的带型城市副中心的高密度建设区，规划打破德阳"山、水、产、城"的平行布局，营造"节点式"核心价值区，通过总量适当，高度及开发强度控制的高中低三级穿插布局，兼顾环境特色与土地集约利用。希望通过本次规划对区域协同、产业与空间的模式创新，尝试打造产城融合的人居典范。

作者简介

于润东，硕士，注册规划师，国家一级注册建筑师，北京清华同衡规划设计研究院有限公司，详规四所，所长；

杨　超，硕士，注册规划师，北京清华同衡规划设计研究院有限公司，项目经理；

马丽丽，硕士，注册规划师，北京清华同衡规划设计研究院有限公司；

何　涛，硕士，北京清华同衡规划设计研究院有限公司。

3.土地利用规划图
4.夜景效果图

新背景下商业中心区高密度开发区域的设计应对
——以杭州市江干区艮北新城商业中心区城市设计为例

Design of High Density Development Area of Commercial Central Area Under New Background
—As an Example of the Commercial Center District North Gen City in Jianggan District, Hangzhou

陈 奕 游晔琳 刘晟达
Chen Yi You Yelin Liu Shengda

[摘　要]　新常态背景下的商业中心区正在发生转型和迭代，传统实体商业正面临互联网电商的严峻挑战，为了应对新的发展形式，传统商业模式正在从以零售购物为主向以体验式消费为核心的商业综合体转变。同时，商业中心区此类高密度开发区域由于人流车流的密集，是城市病爆发的典型区域。面对上述这两种发展背景，规划以杭州市艮北新城商业中心区城市设计为例，以中心区的活力激发为出发点，从交通提升、雨洪管理、空间设计三个方面来阐述新背景下商业中心区高密度开发区域的设计应对。

[关键词]　高密度开发；体验式消费；绿色公交社区；雨洪管理；商业空间设计

[Abstract]　The new normal under the background of the central business district is undergoing transformation and iteration, traditional business entities are facing severe challenges of Internet business, in order to cope with the new forms of development, the traditional business model is to change from retail to commercial complex to experience consumption as the core. At the same time, the business center of such high density development zone due to the dense flow of traffic flow, is a typical area of urban disease outbreak. In the face of these two kinds of development background, planning to Gen North Metro central business district city design of Hangzhou city as an example, in the central area of the excitation energy as the starting point, to explain the design with high density Development Zone business center area under the new background from traffic promotion, stormwater management, space design three aspects.

[Keywords]　High Density Development; Experiential Consumption; Green Public Transport Community; Stormwater Management; Commercial Space Design

[文章编号]　2016-75-P-052

1.效果图
2.艮北新城商业中心区城市设计总平面图

一、序言

新常态发展背景下，前十年房地产迅猛发展、城市化快速推进的时代已经过去，商业地产普遍开发过量、产品趋同，特别是商业中心区的开发建设也日益趋于理性；而另一方面，互联网的蓬勃发展给传统实体商业带来了巨大的冲击和挑战，导致实体商业积

极谋求转型与迭代，商业业态也从以零售购物为主，向以体验式消费为核心转变，所以，相对应的商业中心区的空间组织与空间设计也将随之转变。

与此同时，商业中心区由于区位、地价、商业价值等因素，往往是较高强度、较高密度的开发区域，经过前几年的快速发展与建设，我们很容易察觉到，在这些高密度开发的区域是我们所谓的"城市

病"的重灾区，高强度高密度的开发带来了人流车流的密集，导致交通拥堵、人车混杂、环境状况不佳、空气污染（主要是汽车尾气）严重等等。而随着体验式消费时代的到来，人们从单纯的目的性购物转向对消费体验感受自身，原来琳琅满目的橱窗已经不能满足一般消费者的需求，大家对消费活动中的环境感受、商业中心区域的外部环境、人性化设施方面提出

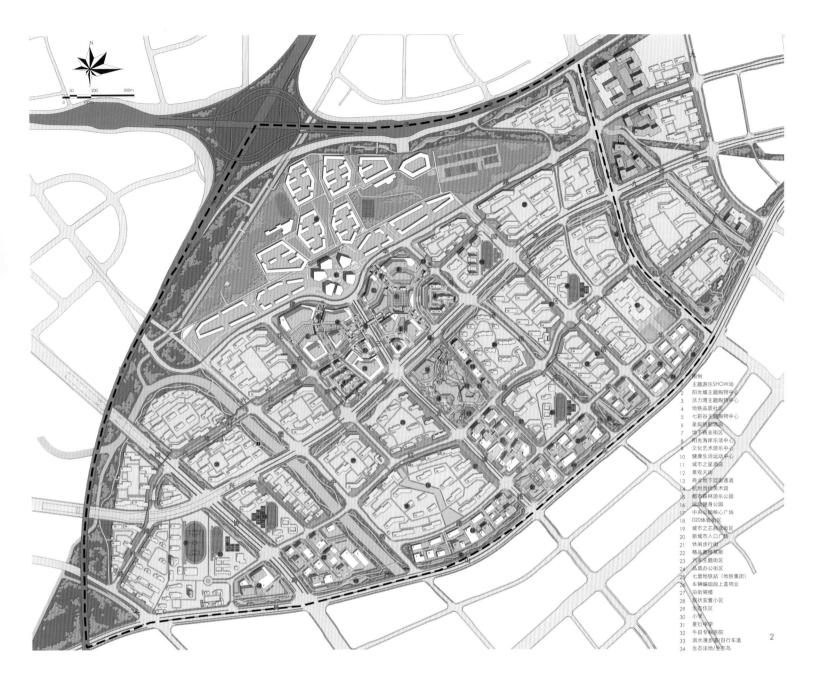

图例
1 主题游乐SHOW场
2 阳光城主题购物中心
3 活力湾主题购物中心
4 地铁品质社区
5 七彩谷主题购物中心
6 星级风情酒店
7 地下商业街区
8 阳光海岸乐活中心
9 文化艺术游乐中心
10 健康生活运动中心
11 城市之星酒店
12 景观天街
13 商业地下过街通道
14 杭州当代美术馆
15 都市森林游乐公园
16 运动健身公园
17 中央公园核心广场
18 O2O体验街区
19 城市之芯商业街区
20 新城市入口广场
21 休闲步行街
22 精品展销城
23 亲子主题街区
24 品质办公街区
25 七堡地铁站（地铁集团）
26 车辆编组段上盖物业
27 沿街骑楼
28 其状安置小区
29 生态住区
30 小学
31 夏衍中学
32 牛田专科医院
33 滨水漫步道/自行车道
34 生态湿地/生态岛

了更高层次的要求。

在这样的发展背景下，项目团队以杭州市江干区民北新城商业中心区作为一个很好的研究对象，希望通过一些设计手法和理念，让这类商业中心区的高密度开发区域能够更好地适应实体商业的转型迭代和体验式消费时代的来临，也期望可以一定程度上缓解由于高密度开发带来的交通、环境等方面的问题。

二、项目概况

杭州市江干区民北新城位于杭州主城区几何中心，紧邻杭州火车东站，与钱江新城核心区、扩容区、城东新城，九堡商贸城，下沙副城，共同构筑杭州决战东部的发展主战场。基地毗邻区域交通枢纽，位于火车东站与九堡客运中心站之间，南北有杭甬高速彭埠、德胜出口，东西有德胜、民山快速路，大量客流穿城而过，充足的人流给规划区的商业消费带来巨大的发展潜力。

2010年基地业已完成牛田单元控规与相应城市设计方案编制，随着火车东站与地铁1号线开通，以及外部环境变化，新城管委会于2014年1月组织商业中心区城市设计国际招标，本方案中标并与同年11月完成相应深化设计方案。

三、基地特征

1. 白地蓄势待发，周边竞争激烈

基地目前处在"白地状态"，拆迁安置基本完成，地铁站点、主要干路的开通，使本区的建设一触即发，同时，规划区周边综合体项目竞争异常激烈，6km范围内规划有11个城市综合体项目，包括交通型综合体、商业综合体、旅游博览综合体、特色产业综合体、创新创业综合体等五类，规划商业面积约25万m²，如何化同质竞争为错位发展，是支撑民北新城持续发展的关键。

2. 公交本底资源丰富

规划区拥有较好的公交本底条件，地铁七堡站、九和路站，三个BRT站点现已开通，规划的常规公交站点、公共自行车租赁点，覆盖整个民北新城；另一方面，根据周边交通流量分析，沿用目前以小汽车为主要出行方式的发展模式，难以支撑本区块较为

3

4

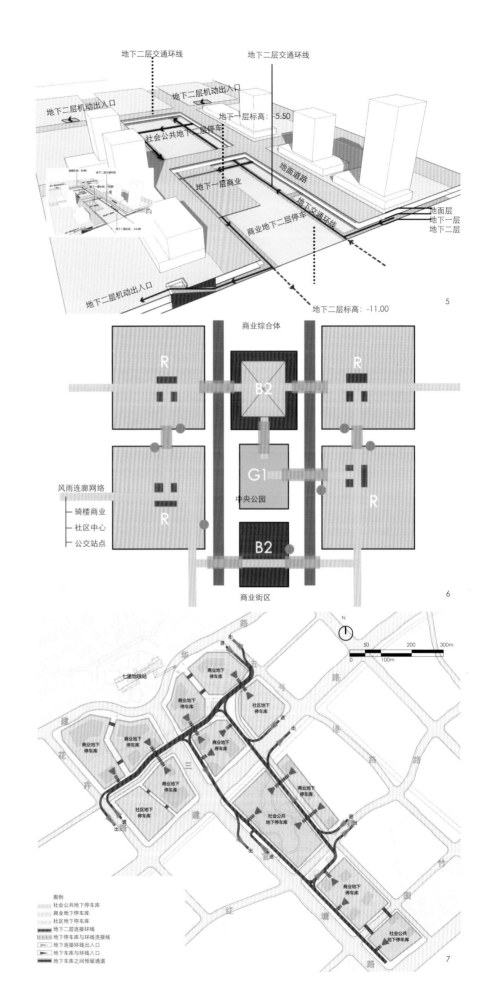

3~4.效果图
5.地下交通环线空间示意
6.以综合体为核心通过风雨连廊构建成的全天候空间网络
7.地下交通环线平面示意

庞大的开发总量，因此，充分利用既有公交资源，发展"绿色公交社区"，是优化本区出行环境的重要措施。（本区是杭州两个"绿色公交社区"试点之一）

3. 排涝压力大

基地内部现有五条灌溉水渠，河道较窄、水面率不足，一旦建设全面展开容易形成内涝问题，但基地干道两侧较宽的预留绿带为完善水系建设提供了可能性，规划应以治水为抓手，探索低冲击开发的新城建设模式。

四、核心对策

1. 有预见性的缓解交通瓶颈，构建以公共交通为核心出行方式的绿色公交社区

艮北新城的框架路网在上版控规中已基本定型，现在面临的核心交通问题主要有两个层面，一是在未来高强度高密度开发后，如何解决局部的交通瓶颈，二是如何发展公共交通资源潜力营造绿色公交社区，整体提升公共交通运行效率。

面对艮北新城核心区未来将近100万m²的开发体量，规划对可能出现的交通瓶颈进行预先设计，在进行地下空间设计时，提出了在核心地块组团的地下二层区域，通过整体设计预留一条地下交通环线，串联起各个核心地块的地下停车空间，使其地下停车资源可以相互借用整体调配，并且把地下二层的机动车出入口设置到周围的主要道路上，缓解地块周边支路的交通瓶颈问题，使得要出入核心地块的机动车可以在外围区域就通过地下交通环线进行疏解。

主要措施是核心利用两个公共地下停车场，借用各个商场、办公组团地下二层停车空间，预留形成一个单向逆时针的地下交通环线，解决可能出现的停车瓶颈问题，建设初期预留通道和出入口，当问题出现后再进行改造。地下交通环线的布置一般分为市政道路下方和地块地下空间内部预留两种方式。市政道路下方建设便于交通组织和管理，但是需要在市政道路施工时就整体施工，地块地下空间预留较为灵活，但需要更为复杂的后续管理和各个开发主体之间的相互协调，针对艮北新城商业中心区的实际特点，规划采用地块地下空间预留的方式组织地下交通环线。

另一个层面，艮北新城作为杭州两个公交试点区块之一，规划应充分提升市民选择公交出行的时间优势和舒适感。提倡和鼓励公交出行的绿色公交社区，目前没有明确的现行标准，总体来说可以从3个方面进行考核。首先是到达公交枢纽站点的时空距离，在新城市主义提出的"适宜的步行距离"是5min（即400m或者1/4英里），在《杭州市公共交通发展战略研究》报告中也通过问卷调查的形式得出结论，大多数居民

到达公交车站的意愿时间在5min以内；其次是步行至公交枢纽站的良好步行环境；最后则是乘坐公共交通的舒适感和体面感（公共交通的尊严感）。前面两个方面是可以通过规划取得较大程度的提升。

目前，艮北新城范围内，距地铁或BRT站点5min步行距离内的区域，仅占总面积的47.7%，我们提出增加两条公交接驳线，覆盖整个新城范围，最远接驳时间控制在5min以内，同时串联各个社区中心、学校、社区商业、医疗卫生等日常服务设施，并且避开区内由同协路、兴建路、红普路组成的"工"字形交通轴，从而避免社区生活与外部交通功能相互干扰。

在接驳线位两侧，结合公交站点、社区中心、小型商业等设施，通过骑楼、过街连廊等设计手法，建立一体化的沿街步行空间，将城市综合体、休闲健身公园、商业街区、地铁编组站上盖物业与周边的居住社区有机串联，整个区域打造成不受天气和小汽车交通干扰的一体化步行体系。同时，每个居住小区主入口都面向步行商业街设置，鼓励步行及公交出行。

与此同时，沿规划滨河绿带、沿街绿带，建设滨河步行、自行车的慢行道，慢行道之间通过桥下空间相互串联，并连接起地铁及BRT站点，形成连续的慢行网络。同时，每个居住小区都设置一个面向滨水慢行网络的次入口，以期达到居住小区主入口面向步行商业街、公交站点设置，次入口面向滨水自行车慢行网络设置的理想公交社区模式。

2. 探索以雨洪管理为突破口的低冲击开发模式

目前艮北新城仍以白地为主，但当未来高密度开发后，加上区域地势较低，容易发生城市内涝问题。规划提出在增加地面透水能力等常规做法的基础上，改地下排水为地表排蓄水相结合。充分利用高速公路绿化廊道、主干道两侧防护绿带、河道两侧绿地以及中央7字形开敞空间，留出硬质洼地、生态洼地以及生态湿地等地表排蓄水的生态空间，配以水生、湿生等耐淹物种，起到提升水面率、净化改善水质、调节微气候的作用。

河道由于汇集了雨季的各种空气及地面污染，同时由于自身流动性不佳，所以其水质通常较差。针对这样的情况，规划通过多处风能、太阳能提升泵站的设计，让静止的水流动起来，构建完整的透水地面一人工湿地一河道水渠等要素在内的自我过滤与净化的水循环体系。

3. 适应于体验式消费模式的立体复合型的商业空间设计

由于网络电商的冲击，传统商业模式正在经历

转变，由以零售为主向体验式商业转变。所谓体验式商业，就是一种以休闲娱乐为主，购物为辅的城市购物中心模式。体验式商业模式的特点主要体现在三个方面。

一站式：更加强调"职住商一体化的生活模式"，商业、办公、酒店、公寓与住宅的开发建设更趋融合（比例关系），将居住、工作、教育学习、休闲娱乐等各项生活活动融为一体化设计。

主题化：业态构成由原来公认的零售休闲73黄金比例向零售、餐饮、休闲娱乐大致1:1:1的构成比例转变，而且占1/3的休闲娱乐是有明确主题化和品牌化内容的，如主题游乐、演出SHOW场、亲子活动、教育培训、科技体验等，同时在很大程度上影响占比2/3的零售餐饮的类型与定位。

体验型：商业理念上极为关注人的体验，以人的舒适体验为核心，以方便到达、风雨无阻和远离空气污染等作为重要的考核指标，强调顾客购物过程中的立体感受；在商场设计和空间环境营造上也凸显娱乐性、互动性、文化性、情景性和个性化等特点。

不难看出，以体验式商业模式为核心的商业中心区是未来的发展方向，与传统的购物中心相比，他更加注重环境和建筑设计，突出合理的布局、特色的风格和舒适、优雅的环境。应对其一站式、主题化、体验型的三大特点，我们在商业中心区空间设计上也应与之相协调。

以艮北新城商业中心区为例，规划提出了全天候一体化的综合体设计理念。首先，在职住商的规模比例和空间布局上，以总体混合适度分离为原则，布局了四个主题商场、两组精品办公、一座星际酒店和两片住宅，强调一体化设计的同时，通过风雨连廊、地下步行街相互联系，并且与北侧地铁站无缝对接。

其次，根据体验式商业主题活动空间的特殊要求，在主题商业空间设计上以大尺度大跨度的多功能活动空间为核心进行布局，在建筑空间组织上形成向心的具有中央活动空间的商业建筑群组关系，强调多个活动空间的有序串联和半室外空间如采光中庭、空中花园、下层广场的多功能运用。

第三，以人的舒适体验为出发点，进行人性化的细节设计，如空中连廊和中央活动广场都采用玻璃顶设计，一定程度上避免了极端天气的干扰，同时，增加层间、半户外的交流空间，利用空中连廊、中庭的设计把这些活力空间整合在一起，发挥其最大的效用。在此基础上，把这种风雨无阻人性化的理念拓展到更大层面。以轨道站点、商业综合体为核心和出发点，通过风雨连廊的设计串联起休闲健身公园、商业街区、居住社区等各个功能板块，让市民可以从交通

枢纽出发，风雨无阻地直接到达消费目的地及居住小区门口。

最后，在强调地面多样体验活动空间的同时，规划还充分遵循立体化发展的开发策略，构建连续一体化的商业活动地下空间系统，把交通枢纽（地铁站）、几大核心地下商场、文化艺术展示空间等通过一条地下空间主轴线紧密的串联起来，以地下、半地下商业步行空间为纽带串联起购物、餐饮、文化展示、休闲娱乐等多样功能，形成相互贯通、有序布局的地下步行体系。大部分地下空间采用下沉式或半下沉式的设计手法，保证了地下空间的采光性和通风性，减少地下空间的压抑感；地下空间与地面层通过无障碍楼梯坡道衔接，形成人性化的地下空间出入口；在各段地下空间的中心区域，结合周边项目与布局设置中庭或半地下广场，强调自然采光和通风的同时，形成地下空间活动和景观的中心。

五、结语

在新常态大背景下，本文以杭州市艮北新城商业中心区为例，对新形势下的商业中心区城市设计进行了探索和思考，其目的在于寻求一种与体验式消费模式相适应的商业中心区空间设计路径，以便应对正在发生迭代的商业中心区空间特征要求，同时又可以缓解高密度开发区域人流车流密集带来的城市病问题。当然，未来的商业中心区无论在业态还是空间上无疑将会呈现出多样化的发展趋势，本次设计实践所提出的三大核心策略，可能仅仅应对了未来城市商业中心区发展的一个维度，但作为规划从业人员的我们，应该清楚地认识和明锐地洞察到未来城市发展的变化趋势，以期在规划设计方法和内容上做出相应的调整和改进。

作者简介

陈奕，浙江省城乡规划设计研究院，规划师，国家注册规划师；

游晔琳，浙江省城乡规划设计研究院，规划师；

刘晟达，浙江省城乡规划设计研究院，助理规划师。

国际视角下高密度城市核心区开发设计的创新性探索
——以哈尔滨松北金融区为例

Urban Design of City Center High-density Area
—Harbin's Financial District as an Example in the International Context

卢诗华
Lu Shihua

[摘　要]　松北金融区位于未来哈尔滨新区中心地段，是振兴东北战略布局的核心增长极，这个几年前的规划设计已经具有响应与落实国家顶层设计的重大意义。本文以论述金融区定位研究与城市设计为主线，简介了朗恩设计中选城市设计方案中运用国际金融区和人性化城市设计经验的具体探索，旨在探讨国际视野下高密度城市核心区规划设计的基本原则、创新理念及综合解决方案。

[关键词]　金融区核心区；可持续发展；高品质公共空间；小街区密路网

[Abstract]　Locating at the heart of the forth-coming Harbin New Area, the Financial District is to be the key core of growth in the strategic plans to revitalize the North-east China. Based on the contextual and positioning studies, this paper is dealing with LPA's selected urban design scheme's application of the international experiences for the financial district and human urban area. This masterplan had in advance significantly responded and conformed the nation's top-level strategy today. Basic concern is paid to the fundamental principles of high-density city core area planning and design with creative notions and comprehensive approaches in an international perspective.

[Keywords]　Financial District Core Area; Sustainable Development; High Quality Public Space; Street Area Road Network
[文章编号]　2016-75-P-057

一、引言

本文创新提出应将金融区作为以"金融"为主要驱动力的城市核心区，需要统筹考虑城市工作、生活、商业、游憩、教育、管理、环境等多种要素，共同构建城市"心脏与主动脉"的独特理念。并因地制宜设计出"复合型生活方式+江城一体空间结构"的框架模型。

此外，设计中领先性地采用了国际主流理念和成熟的工作方法，以高度复合功能、特别利于商务金融区的小街区密路网等人性化布局结构、运用人类优秀城市设计的基本原则；同时又天人合一江城一体、以绿色开放体系贯穿全区，最大化地提升土地的价值，为城市创造财富！它将有望成为国内优秀城市中心、高效金融中心规划建设与积极探索的一个先例；一个真正具有高品质公共空间和可持续生态背景的市民中心；一个能引领东北振兴的核心战略增长引擎。

二、开发背景

1. 发展概况

哈尔滨是中国黑龙江省省会，是我国东北部政治、经济、文化中心，也是我国省辖市中面积最大、人口居第二位的特大城市。随着城市社会经济的发展、城市规模扩大，松北地区已经成为哈尔滨跨江发展的新空间载体，在未来哈尔滨城市发展中将扮演愈发重要的角色。市政府新行政区、科技中心区、文化艺术区等均在这里落位。为进一步满足和促进城市的升级和向国际都市跨越，省市政府做出重大决策，在松花江以北，兴建哈尔滨市的金融区。

松北金融区基地，地处松北新市区东部的沿江北侧，北三环路以南，西邻未来文化中心区，东侧有高校和带开发的约12亩土地，区位良好。我们认为，松北金融区将是整个松北地区发展的前沿，将与各大中心共同构成哈尔滨的沿江金廊——松北各大功能中心的连接带，凝聚沿江各大功能区域，势必成为哈尔滨今后城市、经济发展的重要区域，如同浦江两岸。松北金融区将成为未来哈尔滨发展的一个更强有力的整体性的地标性区域和重要动力引擎。

2. 地位分析——东北及代表城市区位优势、战略要素比较

黑龙江省毗邻俄罗斯，哈尔滨作为省会城市，在中俄经济交流中的地位举足轻重，是我国对外交流的重要窗口之一。哈尔滨地处中国东北，区位上属于东北亚区域，并在这一区域城市中有着极高的权重度，称得上是东北亚的重要中心城市。其区位上与我国华北、华东、华南地区有显著差异，拥有自己的经济辐射区，其范围除我国东北地区、内蒙古以外，广义上亦包括东北亚尤其是俄罗斯远东地区、朝鲜、蒙古、日本等区域。这是哈尔滨城市发展的重要基础，在金融区应该得到体现。

3. 文化分析——哈尔滨城市的文化特色

美丽富饶、文脉悠久、魅力独特、充满活力的哈尔滨，城市文化具有以下特点：历史文化悠久，独特的冰雪文化和浪漫的城市品格，旅游资源丰富，有"太阳岛"等知名度和认知度高的城市十大名片和"冰城""东方莫斯科""东方小巴黎"等美称，具有多元文化形成的多样化的城市风貌和建筑形式，浓郁的欧陆风情及中西合璧的建筑风格，更有近代城市的优秀空间格局。这些都是未来金融区开发的深厚营养和基础，也是应该加以延续和发展的优秀传统。

三、松北金融区的发展愿景及优秀金融区的理论模型

1. 松北金融区发展关键问题

我们认为，如下因素将是项目规划设计的最关键的问题：如何使哈尔滨金松北融中心具有持续的生命力？如何通过金融中心的开发来激发城市的活力？

具体表现为五个方面：

（1）定位

地区：东北亚热点地区；

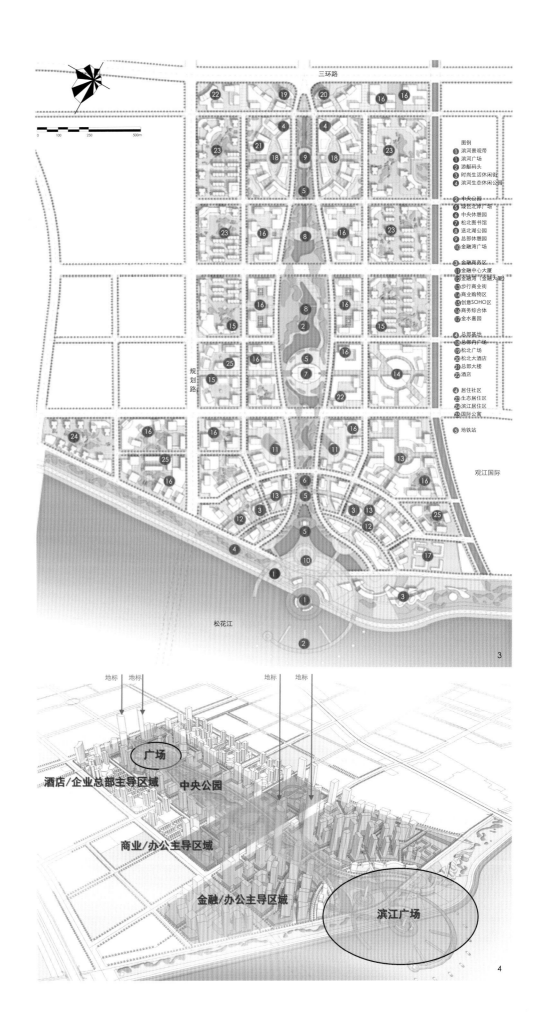

国家：中国东北部重要的金融中心；

城市：哈尔滨市金融中心；

城区：核心（最理想的位置）；

功能：城市的有机组成部分（混合用地、工作、生活、购物、娱乐、旅游……）；

产业、经济与金融的引擎。

（2）功能

商务—金融、办公、总部；商务—酒店+旅游；商业—商店+F&B餐饮；商业—娱乐；商业—公共设施（文化、教育、体育）；居住—住宅；居住—公寓；绿地—公园+开敞空间。

（3）空间

城市绿地系统融入河畔，特别是北岸；良好结构（成长的、开放的、均衡的）；优秀的公共开放空间体系；绿色（TOD，步行化的、可持续的，等等）；城市形态。

（4）开发

发展模式；阶段性；终端客户。

（5）项目基地特有的特征

尺度：给定的基地远远大于正常的金融区或中央商务区CBD/FBD；

具有良好滨江自然环境的理想位置。

2. 松北金融区的愿景

我们认为，松北金融区应当具有符合当代城市发展趋势的更高层次的目标与愿景，承担更加重要的使命，应该作为人性化市区理念的一次实验性运用，避免目前中国很多城市开发中普遍存在的过时的现代主义的机械观、机能割裂、非人性化的模式，成为一个内涵极为丰富、功能高度复合、空间真正以人为本（而非以车、以建筑为本）、具有7天24h活力的新的城市中心区。

作为城市有机组成部分，金融中心是一定意义上城市的"金融心脏"，除金融活动之外，应该具备综合的城市功能，需要统筹考虑城市工作、生活、商业、游憩、教育、管理、环境等多种要素，共同构成城市的"心脏与主动脉"，而它们的"健康"运行是打造优秀城市中心的关键，从而使金融中心成为优秀的广义"城市中心"的组成部分之一。

（1）哈尔滨国际大都市（global city）的金融中心；

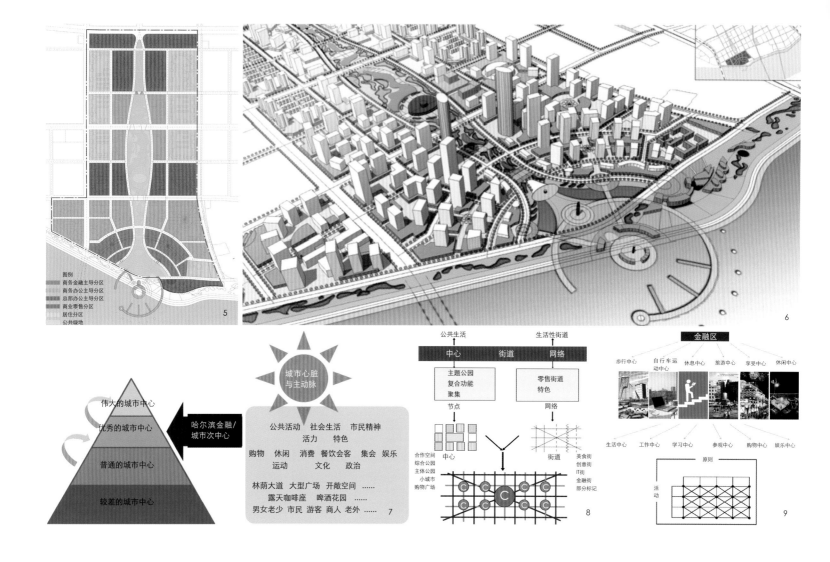

5

6

7

8

9

(2) 哈尔滨的金廊、"浦东";

(3) 哈尔滨城市的活力中心;

(4) 延展哈尔滨城市风华和灵魂的主窗口;

(5) 高质量城市环境;

(6) 市民、访客和旅行者去处的最重要目的地之一;

(7) 对俄及东北亚贸易金融的中心。

(8) 国际最佳金融、商务区之一。

3. 金融区的含义

根据项目给定的规划区约14km²,分析认为,金融区至多占3km²,其核心区约为1.0km²,其余为普通城市区域。就生命而言,DNA是组成基因的材料,它记载了生命的遗传信息,是构建细胞、器官、生命的核心。金融区的"DNA",就是构成FBD金融区的核心,是金融区的"上层建筑",其内涵是金融区的"生活方式"。出金融商务之外,一定功能意义上还应成为一个生活中心、工作中心、学习中

心、游览中心、购物中心、休闲中心;在空间和生活活动上,是一个步行中心、骑行中心、逗留中心、游览中心、享乐中心和事件的中心。

4. 金融区复合型生活—空间模型

金融区的各种功能高度关联。这种关联既体现在不同类型的用地功能之间的关联,也体现在同一地块内多种相关联用地性质的混合。原则上鼓励合理的用地兼容,即混合类型用地。就功能区而言,金融区需要金融商务、商业、零售、文化、居住、休闲、交通,以及夜生活等多种功能,并合理地组织进不同地块中。

在空间上,除了金融中心区这一主体功能,同时还涵盖多种复合功能区,例如,金融办公以外的其他办公类型区,服务于金融区规模合理的商业中心,不同性质的居住社区,文体教育,等等,这些功能区有自身的主体功能,并与其他功能区有机结合,形成空间—生活网络。

四、总体规划

1. 上位规划分析

项目位于江北松花江畔,根据城市总体规划,定位为金融中心与奥体中心,将会成为哈尔滨市北进的重要组成部分,因此具备很大的发展潜力。

2. 沿江城市结构分析

针对现有规划结构中的新区功能过于分散、各功能区及中心缺少联系,缺少真正意义的城市中心的问题及弱点,提出:策略1——建立连接;策略2——创造中心、场所。

3. 总体规划方案(14km²范围)

综合各种因素并参考甲方意见,推荐方案如下:

(1) 三轴:金融中心轴、多彩生活轴、远期发展轴;(2) 三带:滨江休闲带、东西城市生活带、三环南侧综合功能带;(3) 多中心:金融中心、总

部中心、商业中心。

五、城市设计核心理念

1. 强调沿江发展——滨江 活力 金融

沿江地块是松北金融区的黄金地段。沿江特有的景观特质，以及松花江两岸在哈尔滨城市的中心区位，决定了沿江地块在整个松北金融区的中心地位，着重打造沿江高强度核心金融地块，不但使沿江土地特有的价值得以充分利用，亦有利于塑造充满活力的新型滨江中心区形象。

2. 绿地拉升用地价值——大绿 公园 乐居

松北金融区依托松花江北岸发展，作为哈尔滨，乃至我国东北地区重要的金融中心，规模绝非沿江一线的地块所能承载。向纵深发展成为必然，而南北走向的中心绿地则起到了拉升周边非临江地块价值的作用。同时，大型集中绿地赋予金融区娱乐、休闲、商业等多功能内涵，是其必不可少的组成部分。

3. 凝聚金融中心人气——集约 密度 连接

松北金融区是以现代金融为主体的复合型城市新区，这理解为：其承载的城市功能是复合的，因此，人气，便成为金融区需设法聚集的核心要素，这就为松北金融区提出了多种功能符合发展的要求，未来的松北金融区将是集商务办公、商业、休闲、生活等功能的有机集合体。

六、城市设计方案

1. 核心功能分区及其空间关系

以沿江和中央公园为框架，以南部滨江广场为始，以北部门户广场为呼应，并设南北两组标志性门户塔楼相对。以此为基础，金融区自南而北可划分为：金融办公区域、商业办公区域、酒店加企业总部区域三个核心功能分区。

2. 公共开放空间序列

（1）重点区段一：商务办公区及地标

①沿江黄金地带

商务办公区的主体位于沿江地带。沿江地段是宝贵的黄金地带，也是我们所强调的沿江发展区域，更是打造高品质金融区的难点。

②商务办公区结构

商务办公区有着长近2km的沿江展开面，这一区域的建筑势必成为松北金融区的龙头。

滨江广场和中央公园共同定义了商务办公区的大结构，并将其分为商务西区和商务东区。三条东西向城市道路，或直或曲，连同南北向道路，将商务办公区内划分为小尺度办公地块，形成了完整的商务办公区结构。

（2）重点区段二：中央公园

①始于江岸、纵向延展、江城合一

中央公园是前述核心理念中第二条"绿地拉升土地价值"的直接体现。然而，中央公园的意义不仅局限于拉动周边土地价值一项，它的存在，有效盘活了商务办公区的人气，将办公、商业、娱乐、休闲、居住整合为一个有机整体。

②中央公园平面及设施分布

中央公园自江岸向北垂直延展，总长约为2 500m，最宽处净宽约250m，最窄处净宽约70m，总面积约38亩，是松北金融区规划最大、最集中的城市公园。

（3）重点区段三：沿江休闲带与城市天际线

沿江休闲带特指滨江区域的休闲绿带。不同于中央公园，沿江休闲带更多地承载休闲功能，以及河道防护功能。

（4）重点区段四：核心商业街区

①凝聚人气、市民生活

核心商业街区位于金融区中南部，与商务办公类地块紧密结合，部分地块直接以商业—办公混合的形式出现。未来的松北金融区不是单一的"上班区"，而是以商务办公为主的复合型城市中心，商业恰恰维系了各时段的人气，体现了现代城市尊重生活，提倡多功能有机结合的思想。

②商业街区构成方式（地下一层）

地下一层商业布局与地上商业呈基本呼应态势。包含：地下商业街、集中的地下商业空间、地下公共节点、地块间的地下连廊组成。

地下一层建议以连廊的方式尽可能多地联系金融区各个地块，实现步行立体交通，缓解地面内交通压力，并兼具防风避雨，防灾隐蔽的功能。

（5）重点区段五：总部商务及北部门户区

①门户效应，形成北段核心

总部商务区位于金融区北部，中央公园的北端两侧。相对于金融区南部地块，不具备滨江的特征，然而其交通条件优良，紧邻三环路（城市快速环路），便于快速进出城市主要交通网络，同时，地铁、地面快速公共交通发达，便于出行，这些特点使其在发展上同南部滨江地块存在一定的差异性特征。

因此，规划建议合理利用上述特征，在这一区域开发相对独立的总部商务区，整合标志性开放空间和标志性建筑，形成金融区的北大门。

②总部商务及北部门户区空间结构分析

总部商务区的结构主干为南北向的中央公园和东西向的三环路（城市快速环路），规划在其交汇处形成门户节点：200m高的双塔。双塔向南与中央公园结合而为总部商务广场，是金融区北部最大的城市开放空间，规划地铁站点在此。广场周边为总部核心地段，形成总部办公群。

七、结 论

我们的工作按照研究—规划—设计这一整体体系——从城市设计的核心问题（本体）到规划到设计和实施控制，提供了一站式的完整成果。

试图创造一个具有灵性、能够积极融入和亲近周围美丽的山、水、自然和周边社区环境的高度景观化的、环境可持续发展的城市中心，一个金融、社会、经济、文化、精神生活等方面多元复合、综合、平衡、和谐发展的国际化金融区，培育一种文化，一种精神，成为文雅的、具有文化氛围和高度活力的国际化城市功能区；一个具有优质空间结构和人性化的高质量公共空间、优秀空间意象和格式塔、步行者友好的中心区，鼓励交流与社会生活；成为宜业、宜游、具有高度场所感、认知度和归属感和人文关怀的社区；一个最大可能激发创造力与交流机会的地区，一个能够吸引国内国际最具创造力人才、产出新思想新技术、引导金融高速流动，成为区域的制高点之一、最强劲的社会经济发展引擎之一。

参考文献

[1] 张庭伟、王兰. 从CBD到CAZ：城市多元经济发展的空间需求与规划[M]. 中国建筑工业出版社，2010.

[2] [美] 凯文·林奇. 城市形态：[M]. 华夏出版社，2001.

[3] 陈伟新. 国内大中城市中心商务区近今发展实证研究[J]. 规划研究，2003年第27卷第12期.

作者简介

卢诗华，郎恩（LPA）城市规划与建筑设计（北京）有限公司，CEO兼总设计师。

5.金融核心区土地利用总图
6.金融核心区沿江黄金地带
7.融中心作为优秀的城市中心一部分
8.金融区复合型生活—空间模型
9.金融中心DNA

面向实施的立体化控制性详细规划编制方法探索
——以汉中市城东片区控制性详细规划为例

A study of Multiple Dimensions Regulatory Detailed Planning Face to Implement
—East Area in Hanzhong Regulatory Detailed Planning as an Example

陈畅 沈锐 周威 谢沁
Chen Chang Shen Rui Zhou Wei Xie Qin

[摘　要]　本文立足规划实践，探讨在控制性详细规划编制中增加城市设计与项目策划，从规划分析、方案设计、成果编制等多个方面探讨三者融合的思路与方法。形成立体化的控制性详细规划编制方法，与规划实施、城市建设联系更加紧密。

[关键词]　立体化；控制性详细规划；城市设计；项目策划

[Abstract]　Based on the practice of planning, this paper discusses the method of regulatory detailed planning with urban design and project planning from the planning analysis, design and project results. It puts forward the multiple dimensional regulatory detailed planning methods and in order to more closely linked with planning implementation and construction.

[Keywords]　Multiple Dimensions; Regulatory Detailed Planning; Urban Design; Project Planning

[文章编号]　2016-75-P-062

1.东来湖城市设计效果图
2~3.汉中市及城东片区空间结构分析
4~5.汉中市及城东片区生态结构分析

控制性详细规划（下文简称"控规"）作为政府重要的公共政策和承上启下的规划，既要落实总体规划等上位规划提出的刚性要求和目标，又要考虑市场经济环境下各开发主体的多元需求，指导修建性详细规划及项目建设，具有灵活性和多元性。控规以系统控制、地块指引及指标体系为核心，通过合理的物质空间组织落实城市产业目标、生态目标和文化活力目标。在实际编制中，面对规划区的现实问题和模糊定位及未来形态的不确定性，探索立体化的控规编制方法，在控规层面引入策划与城市设计，以城市设计推敲城市空间，以项目策划提供城市开发的方向，以控规指标奠定管理基础，为城市经营者和管理者提供发展思路和建设抓手。

一、多元化的控规渴望

在规划编制体系中，控规主要承担明确土地使用性质、开发强度、空间环境、道路和工程管线位置的任务。但是在实际项目编制中，作为连接宏观规划和微观规划的控规，无论是城市管理者还是规划审批者或是城市建设者都对其有着更多的期待，这些渴望除了最基本的土地开发条件和规划管理依据之外还有以下3方面。

1.梳理发展思路

总体规划对城市发展定位、产业发展、空间结构、风貌形态有明确的要求，但是城市分片区的发展

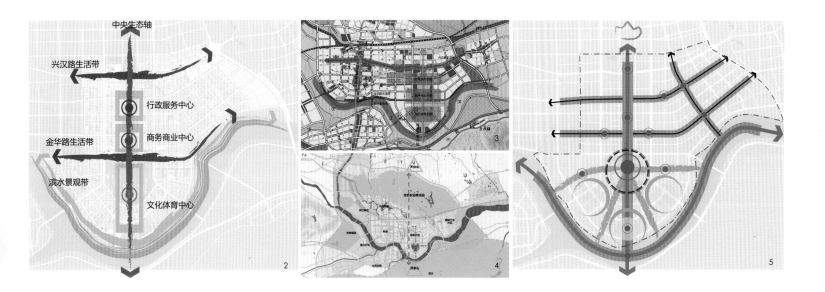

还需要进一步研究，以更加细化的发展目标和路径为导向。另外，总体规划批复后和控规编制之前，在区域、城市的发展条件、政策等方面可能有所调整，因此控规不但要详细解读上位规划，落实规划要求，更要对新的机遇和挑战做出应对。这部分工作往往超过了控规本身的核心内容，但为规划管理者和城市经营者在新的形势下理清城市和片区的发展思路。所以，在控规中的区域分析、城市和片区层面的SWOT分析显得尤为重要。

2. 明确开发方向

物质空间与其功能密不可分，因此控规需要对城市、片区的产业发展、职能定位、功能布局做进一步的分析论证。为了更加明确开发方向和招商引资的方向，需要借鉴相关的开发案例，提出具体的开发项目，结合城市发展的实际对项目的开展运作提供策略。这一部分的工作让控规不单单是一张图纸和一张数据表格，更搭载了可以实施操作的开发项目，在深入考虑开发项目特征后，控规进行利益分配，能够更好地平衡多方利益。同时，城市经营者能够将空间与具体项目联系起来，延长了项目孕育、思考和运作时间，使控规更有效地对空间实体进行控制引导。

3. 展望空间形态

以色块、数据指标为核心的控规引入城市设计，一方面让这些专业控规图纸能够被更广泛地解读、运用，另一方面城市设计推敲空间的方法也让控规要求更细化、更完善。此外，规划管理者也需要用城市设计图纸为城市建设者提供更明确的整体空间形态。

二、立体化控规编制思路

立体化的控规编制思路是在控规编制之初加入项目策划和城市设计的思想，统筹考虑城市空间结构、职能定位、功能分区、环境景观等因素。包括整合分析、发展定位判断、规划策略、空间系统组织、项目策划、形态设计6个部分。

整合分析是对上位规划，专项规划、相关规划、现状情况、开发条件及项目开发意象进行整体分析。将规划区放置于城市及区域尺度下考虑，以规划区的发展促进城市空间完整、功能完善的角度，对规划区进行SWOT的分析，从而对片区发展目标和定位提出合理的判断。在此基础上，结合城市特征，综合生态、交通、空间结构、产业发展等方面提出规划策略。策略中融合了经营城市的理念，充分考虑人的行为活动，分析规划区发展的各种可能性，推断城市和片区发展的空间结构，从而形成各类型空间的有机组织系统。最后在规划策略和空间系统组织的指引下，策划具有城市和片区特点的建设或活动项目，并研究承载项目的空间载体，为规划实施提供抓手，并从微观、中观、宏观三个层面提出形态设计引导要求。

三、汉中市城东片区的实践与探索

1. 整合分析

（1）区位条件

陕西省汉中市处于全国地理中心，中国西北西南交界处，北依秦岭，南屏巴山，长江第一大支流汉江从此流过，生态环境、历史文化具有多元汇聚融合的特征。规划区城东片区位于汉中老城东侧，规划面积约24km^2。

汉中城市职能、经济发展受到西部金三角（西安—成都—重庆）、三大城市群（关中城市群、川渝城市群、长江中游城市群）和两个国家级新区（甘肃兰州新区、重庆两江新区）的辐射和带动。《陕西省主体功能区规划》《秦巴山片区区域发展与扶贫攻坚规划2011—2020年》明确汉中作为区域性中心城市。

由于汉中四面环山，自古受到交通阻隔，城市发展相对缓慢。但随着西汉高速、十天高速、宝巴高速，西成高铁客专线和阳安铁路、柳林机场的陆续建设，汉中的区域交通得到全面改善，成为陕甘川渝省际交汇区域的交通枢纽城市和支撑我国西部地区沟通西北、西南的重要交通枢纽城市。同时，汉中将融入西安1h交通圈，成都2h交通圈，增加与西安、成都的经济、产业、人口的交流与对接。汉中将突破交通发展瓶颈，更加面向区域。

（2）生态环境

2012年以来，全国多个城市出现雾霾、缺水，城市的环境问题、生态问题成为城市发展的首要问题，"十八大"报告中将"美丽中国"作为未来生态文明建设的宏伟目标。汉中作为兼得南北生态特点的"天然物种基因库"，被称为地球同纬度上生态环境最好的地区之一，汉中有条件成为美丽中国建设的典范，实现人与自然和谐相处的可持续发展目标。

汉江作为南水北调的水源地之一，具有严格的水资源保护要求，对城市产业发展也有环境保护要求，《丹江口库区及上游地区经济社会发展规划》将汉中建设生态宜居城市上升到国家战略高度，大

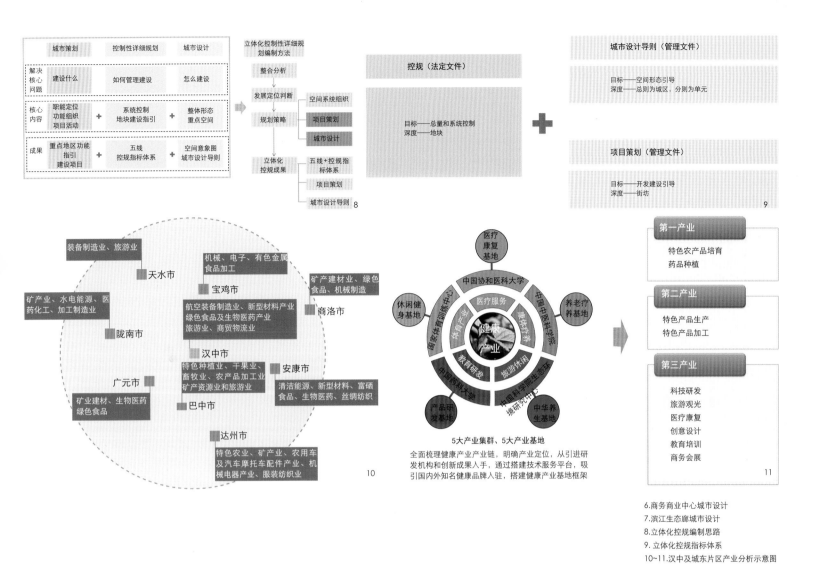

图表标注（上部流程图）：

城市策划	控制性详细规划	城市设计
解决核心问题	建设什么	如何管理建设	怎么建设
核心内容	职能定位 功能组织 项目活动 +	系统控制 地块建设指引 +	整体形态 重点空间
成果	重点地区功能指引 建设项目	五线 控规指标体系	空间意象图 城市设计导则

立体化控制性详细规划编制方法
整合分析
发展定位判断 — 空间系统组织
规划策略 — 项目策划 / 城市设计
立体化控规成果 — 五线+控规指标体系 / 项目策划 / 城市设计导则 8

控规（法定文件）
目标——总量和系统控制
深度——地块

城市设计导则（管理文件）
目标——空间形态引导
深度——总则为城区，分则为单元

项目策划（管理文件）
目标——开发建设引导
深度——街坊 9

5大产业集群、5大产业基地
全面梳理健康产业产业链，明确产业定位，从引进研发机构和创新成果入手，通过搭建技术服务平台，吸引国内外知名健康品牌入驻，搭建健康产业基地框架

第一产业：特色农产品培育 药品种植
第二产业：特色产品生产 特色产品加工
第三产业：科技研发 旅游观光 医疗康复 创意设计 教育培训 商务会展 11

6.商务商业中心城市设计
7.滨江生态廊城市设计
8.立体化控规编制思路
9.立体化控规指标体系
10~11.汉中及城东片区产业分析示意图

量的水库湖泊为汉中提供丰富水景观资源和良好的生态基底。

（3）上位规划

项目研究了《汉中市城市总体规划（2001—2015年）》《汉中市城市功能布局与风貌特色专项规划》《汉中市国民经济和社会发展十二五规划》《汉中市滨江城市发展战略规划》《汉中市城市绿地系统规划（2005—2015年）》，从中梳理了各项规划对城市发展提出的要求，以及对规划区发展的要求。明确城东片区为市级行政商务中心，是以行政、商务、居住功能为主导的现代化新区，汉江凸岸发展旅游、休闲、文化功能，与行政、商务中心共同形成汉中市的市级公共服务中心。

2. 发展定位

通过对区域城市发展，交通条件、区位及生态的分析，可以判定生态环境和产业发展是规划区需要重点策划的内容，在此基础上提升汉中的区域中心城市地位，完善城市空间结构，激发城市文化活力是规划中需要解决的核心问题。在生态方面，梳理规划区生态要素与区域生态环境的连接，并从区域尺度上挖掘汉中市的生态优势。在产业方面，从区域尺度上比较分析西安、宝鸡、安康、商洛、广元、巴中、达州、天水等周边城市，寻找在城市群产业竞合背景下汉中的优势与机遇。借助交通的改善，加强汉中与西安、成都等大都市的联系。从城市尺度上，分析汉中各个城市组团的产业基础和发展条件，实现规划区与其他组团的错位发展。提出规划定位为以商务、文化为主的区域公共服务中心；旅游和休闲融合，面向中西部城市群的健康养生基地；整合地域生态资源，融合现代化城市特色的生态宜居城区，实现"秦巴秀美山水境，天汉活力健康城"的发展愿景。

3. 规划策略

（1）完善城市整体架构，明确功能布局

自古，汉中延续着单中心的发展模式，随着汉中双百战略的启动，现有老城中心能级不足，无法满足区域中心城市的要求，总体规划明确提出建设城市双中心结构满足区域发展需求。其中城东片区承担面向区域的行政商务中心，与老城的城市商业商贸服务中心并列为城市主中心，周边在兴元新区、大河坎、铺镇分别形成旅游、商贸、生产服务三个专业副中心，未来汉中将形成"两主三副"的城市中心体系。结合城市组团的发展方向和特点，城东片区携水圣水突出滨水生态特征，并彰显现代都市气息，成为面向区域的城市中心，实现城市内向到外向的转变。

通过新区与老城互动发展，形成一体化的空间结构、功能布局、交通系统，打造区域性中心城市。城东片区将延续兴汉路城市发展主轴，功能组团与滨水空间，形成行政服务、商务商业、文化娱乐三大功能核心，并由南北生态次轴联通，与老城的城市经济发展次轴呼应。城东片区内部形成"一轴、三心、三带"的空间结构。

（2）项目策划与城市设计：商务商业中心

作为区域中心城市，汉中将提供区域性的商务空间和商业中心，陕南金融中心和贸易资讯中心将坐落于此，并配套提供行业协会服务、交易结算服务等功能。空间形态以院子的形式组织街廊，尝试实现多功能混合使用、城市景观渗透、提供多种交流空间三个目标。并由中央绿轴和绿化网络整合在一起，街廊和开放空间之间由空中廊道串联。

（3）融入区域生态格局，搭建绿色骨架

汉中生态资源丰富，有大量的自然保护区和风景区，城东片区的生态系统将融入区域生态格局，以绿廊连接北侧山体与汉江，同时分隔城市组团，形成山望南北水连东西的生态基底。汉中素有西北小江南的美誉，与周边城市相比，气候温润，夏秋多雨，汉江穿过，城市内有多条水系，具有明显的水资源优势。延续老城的绿化、水系网络，深入挖掘基地的生态特色，在片区内部梳理形成特色生态结构，以"一轴、一带、一湖"作为塑造城市绿色空间的重点。通过区域生态环境保护、区内标志性生态景观塑造、低碳交通系统和社区体系构建，实现城市与山水自然的和谐统一。

①项目策划与城市设计：东来湖

放大区内水系的交汇点塑造城市生态系统的绿肺——东来湖，作为未来城市客厅的核心与窗口。注重水景观与城市功能有机结合，形成城水共生、城绿共生的城市生态文化格局。充分利用水体资源，塑造公共性、多样性、层次性和立体化的城市空间。

东来湖的设计灵感来自于祥云，以岛的形态组织。以水聚气，以岛点睛。湖面坐落城东片区，位于老城东侧，寓意"紫气东来"，取名东来湖。结合城市景观塑造，大胆尝试空间私密性与公共性，在开敞的公共水面上布置相对私密的商业开发岛屿，增加城市空间的趣味。同时推敲岛屿形态，增加水流长度，通过适宜植被生长的湖断面设计，保持水体生态化，提高自净能力。

②项目策划与城市设计：滨江生态廊

在汉中"一江两岸"战略规划指导下，城东片区所在的汉江段承载着生态公园的主题。设计结合滨江城市道路的布置，以及堤岸设计，确定约100m宽的景观环境作为滨江生态廊，以跨江桥分隔成不同的主题片段，以设计不同风格的开敞空间和活动。

结合渗透理论和触媒理论，将滨水生态与城市功能有机融合。分为静水、悦水、观水、享水的主题段落，每个段落塑造功能触媒，由步行和自行车道组成的炫彩健康径串接功能触媒与开放空间。引导东来湖水系与汉江联通，并在汉江沿岸设计活水生态公园，将生态净化与城市景观合二为一，对市

民进行水生态科普，将成为保护水、净化水、利用水的宣传基地，同时展现汉中作为水源地城市对水资源保护的努力。

滨江岸线的设计体现了多元复合的理念。功能上考虑商业娱乐、自然生态和停车。结合不同段落的功能与空间主要设计多种断面形式。通过二层步道与下沉空间将滨江天地与滨江堤岸连接起来，并结合堤岸形成多层次的滨水特色商业和亲水平台。另外，有结合自然地形和地下停车形成的绿化缓坡。同时，保护汉江的滩涂湿地和鸟类栖息地，滨江生态廊将成为未来汉中观水，观鸟、观植被的重要休闲场所。

（4）探究区域产业竞合，培育新增长级

分析汉中与周边城市的主导产业发展，汉中在绿色食品和生物医药方面具有较强的实力。同时与周边城市相比，地处秦巴核心的汉中空气质量好、水资源丰富、气候宜人，有着明显的自然生态优势。考虑到西北地区健康产业发展相对滞后，汉中发展健康产业，一方面能够为城市产业发展寻找到新的增长极，另一方面有利于区域产业错位发展，同时发展环境友好的健康产业有利于促进生态环境保护，符合国家对水源地城市的产业发展要求。

（5）项目策划：健康产业基地

结合健康产业链的梳理和产业定位，引入国内外研发科研机构，吸引建设五个健康产业集群，打造休闲健身、医疗康复、养老疗养、中华养生、健康产品研发五大健康产业基地，为片区的文化休闲空间、居住空间、产业空间赋予更多的职能，同时带动城东和老城、铺镇、圣水等城市板块的一、二、三产业联动。策划一批以健康产业为主题的活动和品牌，如西北地区药材交流会、中国绿色食品交流会、国际老年健康文化博览会等。

四、立体化控规成果

立体化的控规成果在传统的控规法定成果基础上增加了城市设计导则和项目策划的内容，同时法定成果中也体现了城市设计对空间的推敲及项目策划对片区功能、定位的要求。法定的控规文件与城市设计导则和项目策划的管理文件从项目引入、空间塑造、建设管理要求等多个角度对下一层次规划进行全面控制引导。弹性管理文件是对城市多种开发可能性的深入研究后进行的有效管控，也是对总体规划等上位规划的具体探讨，更是对刚性放文件的补充完善。根据项目的特征构建法定文件与管理文件的控制引导指标，形成以法定指标引领，管理指标补充的立体化指标体系。

五、结语

在城东片区的规划实践中，控规层面引入城市设计和项目策划，一方面满足了城市经营者梳理城市发展脉络，明确开发方向的要求，另一方面能够在编制过程中对规划区进行大胆预判与全面考虑。将技术性的规划与经济性的市场开发、社会性的城市发展联系在一起，让控规更丰满，可操作性和实施性更强。

参考文献

[1] 匡晓明，曾舒怀. 城市策划与设计的一体化实践——以上海杨浦滨江总体城市设计为例[J]. 理想空间，2012. 2 (49)，56 - 63.

[2] 余颖，王法成，范颖. 面向动态实施的控制性详细规划编制管理变革：以重庆市为例[J]. 规划师，2010. 10 (26)，16 - 21.

[3] 赵毅. 控制性详细规划实施管理视角的"2231"核心环节探讨[J]. 规划师，2014. 8 (30)，72 - 77.

[4] 张春艳，肖潇，吴朝宇. 基于城市设计的控制性详细规划整合编制方法探索[J]. 规划师，2013. 2 (29)，58 - 62.

[5] 衣霄翔. "控规调整"何去何从？基于博弈分析的制度建设探讨[J]. 城市规划，2013. 7 (37)，59 - 66.

作者简介

陈　畅，硕士，天津市城市规划设计研究院规划研究中心，规划师，国家注册规划师；

沈　锐，硕士，天津市城市规划设计研究院规划研究中心，高级规划师，国家注册规划师；

周　威，硕士，天津市城市规划设计研究院规划研究中心，规划师，国家注册规划师；

谢　沁，硕士，天津市城市规划设计研究院规划研究中心，规划师，国家注册规划师。

城市高密度地区道路交通问题解决对策初探
——以深圳湾超级城市竞赛方案"生命之树"为例

The Study of Solving the Traffic Problems in High Density Area of The City
—A Case Study from The Super City Competition Scheme of Shenzhen Bay The Tree of Life Project

任瑞珊
Ren Ruishan

[摘　要]　在经济和人口快速增长的背景下，土地资源紧缺成为城市发展不可忽视的重大问题，从土地集聚的角度出发，城市追求更高密度的发展成为实现持续发展的必由之路。在这样的趋势下，深圳湾将利用自身区位、交通、政策优势，打造高密度世界级超级城市。本文重点探索在"生命之树"方案中，如何应用设计手段积极应对城市高密度地区交通问题。

[关键词]　高密度；交通策略；城市联络系统；生命之树

[Abstract]　With the rapid development of economy and population, the shortage of land resources becomes an unnegligible and major issue in the urban development. From the perspective of land concentration, developing a higher density area in the city becomes the only way to realize the sustainable development. According to this trend, Shenzhen Bay will create a high density world-class super city with several advantages, such as the location, the transportation, the policy. This paper mainly focuses on the study of solving the traffic problems in high density area of the city by designing method in "the tree of life" project.

[Keywords]　High-density; Traffic Strategy; Urban Liaison System; Tree of Life

[文章编号]　2016-75-P-067

一、背景

1. 高密度城市建设是未来发展的趋势

早在2006年，中国城市规划年会暨中国城市规划学会成立50周年庆典会议上，住房和城乡建设部原副部长仇保兴就提出了建设用地的紧凑度是我国城市可持续发展的核心理念之一，引发了业内的讨论。2015年国家发展和改革委员会发布的《人口和社会发展报告2014—人口变动与公共服务》中显示，改革开放后的30年间中国城镇化水平快速提高，到2014年已上升到54.77%，且仍然持续增长。在这一势头下，土地资源短缺势必成为不得不面对的重要问题，以促进土地集聚和提高土地利用效率为目的的高密度城市建设成为未来的发展趋势。

2. 深圳湾着力打造高密度超级城市

2014年国务院调整城市规模划分标准后，深圳位列"超大城市"之中。根据最新深圳市城市总体规划，由西至东布局了前海深港现代服务业合作区、后海商务区和深圳湾超级总部基地的环深圳湾地区将成为激发深圳跻身全球一流城市的能量起点。在这个颠覆和变革的年代、这个快速变化的时代、这个基于大数据的真正互联网时代，深圳湾超级总部基地以"超级经济功能""超级城市形象""超级环境区位"作为规划目标，以各行业门类产业链最顶端的总部办公为主导，辅以国际会议、展览、文化传播等功能，类比拉德芳斯之于巴黎、金丝雀码头之于伦敦的地位，在有限的土地上，着力打造世界级城市中心、高密度的超级城市。

二、城市高密度地区

1. 城市高密度地区的界定

"密度"是一个"比较性"的概念。密度的高或低没有绝对的标准，因为每个社会的历史、经济、教育、人民特性和要求、地理环境和其他实际情况各有不同，对于密度的判断标准也不同。同样，在城市规划范畴，城市空间的"高密度"也没有绝对的标准，无法准确地用数字和范围来界定。"高密度"描述的是一种城市形态，在单位面积土地上产生更多的活动、容纳更多的功能、创造更大的价值，高密度城市地区往往具有产业、信息、能源、资本、人力等经济要素呈现出区域高度集中、数据和服务极度发达的态势，进而形成居住人口或就业人口密度高、土地开发强度高、建筑密度高、建筑高度高、土地价格高等一系列"高"特质。

2. 城市高密度地区的交通问题

城市高密度发展可以提高土地利用率、提高设施的使用效率，然而也面临着严峻的交通供需矛盾问题。交通供需矛盾已经成为我国，尤其是大城市，交通拥堵问题的首因。在高密度城市地区，资源与人才的高度集聚带来更快节奏的工作和更高品质的生活，此时机动车会成为很多人的首选，早晚出行高峰期时，单位时间内在有限土地上将聚集大量车辆，进而造成无可避免地拥堵，产生"潮汐交通"现象，这就对交通方面提出了更高的诉求。因此，如何在城市高

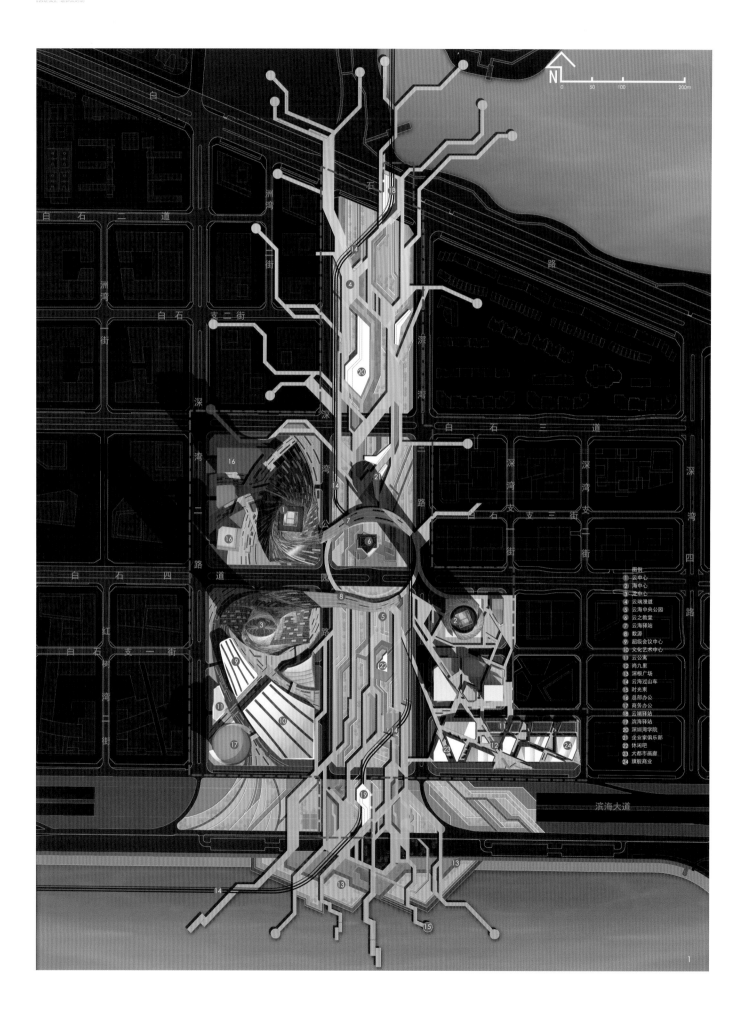

图例
① 云中心
② 海中心
③ 之中心
④ 云端漫道
⑤ 云海中央公园
⑥ 云之教堂
⑦ 云海驿站
⑧ 数源
⑨ 超级会议中心
⑩ 文化艺术中心
⑪ 云公寓
⑫ 尚九里
⑬ 深根广场
⑭ 云海过山车
⑮ 时光束
⑯ 总部办公
⑰ 商务办公
⑱ 云端驿站
⑲ 滨海驿站
⑳ 深圳湾学院
㉑ 企业家俱乐部
㉒ 休闲吧
㉓ 大都市画廊
㉔ 旗舰商业

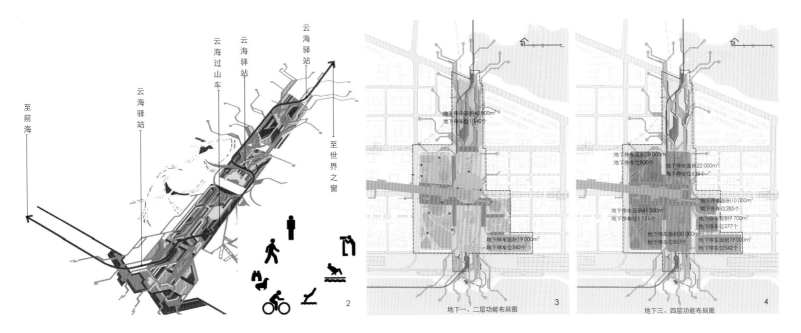

云海驿站
云海过山车
云海驿站
云海驿站
至前海
至世界之窗

地下体态面积40 000m²
地下体态位542个

地下停车面积28 000m²
地下停车位800个
地下停车面积22 000m²
地下停车位638个

地下停车面积41 000m²
地下停车位1171个
地下停车面积10 000m²
地下停车位285个

地下停车面积30 000m²
地下停车位857个
地下停车面积9 700m²
地下停车位277个

地下停车面积19 000m²
地下停车位542个
地下停车面积19 000m²
地下停车位542个

地下一、二层功能布局图　　　　　3

地下三、四层功能布局图　　　　　4

1.规划总平面图
2.让出行充满趣味图
3~4.地下空间功能布局
5.云海中央公园步行系统
6.效果图

密度地区建立合理、高效、多元、高品质、高通达性的交通体系，成为一项重要课题。

本文将以深圳湾超级城市——生命之树为例，阐述城市高密度地区中如何应用设计手段来解决交通问题。

三、项目情况

1. 项目基地和面积

深圳湾超级总部位于环深圳湾地区的中心位置，周边汇聚了深港西部通道口岸和轨道2、9、11号线等重要交通资源，以及深圳湾公园、华侨城主题景区等生态景观和旅游休闲资源。

秉持"超级城市"这一核心理念，打造一个金融商务与文化艺术高度复合性的城市地区，一个多彩多姿的享受工作与生活的"超级总部"。

项目的主要内容为超级总部核心区的城市设计和建筑设计方案，规划用地面积约35.2亩，建筑面积约240万m²，除去中央云海公园，其余地块建筑密度43.71%，容积率达到14.90，其中三座地标性建筑分别高480m、580m、680m。

2. 设计核心理念和功能结构

设计核心理念——"城市生命之树"。超级城市应该是高度网络化和极度生态化的。未来的超级城市，以物联网为主干，通过深根生产和扩枝服务形成"云树状"结构。这就是深圳超级城市的"智慧之树、网络之树、生态之树、生长之树"汇聚而成的"城市生命之树"——源于云端、深根海洋，繁于城市。

功能定位——以面向世界的主导功能总部经济、企业服务和高新技术产业为核心，以现代服务业、会展经济和低碳经济产业为重点产业，以酒店、文化、娱乐等配套功能作为强力支撑，打造超级总部基地、超级城市综合体、超级树（数）据中心、超级中央公园和超级交通枢纽。

规划结构——面朝大海、树状生长。以"大数（树）源"为核心，以云海中央公园为主要的视线通廊，以三座超高层建筑为地标，通过数据廊道连接整个超级总部街区。

四、项目交通问题及设计对策

1. 项目交通问题

基地在各类资源高度集聚的同时存在着明显的交通问题：

（1）项目基地与深圳湾公园被滨海大道严重割裂，亲水性比较差；

（2）滨海大道是个极负面的因素，严重破坏了区域的可达性和休闲设施的使用效率；

（3）基地周边设计尺度过大，交通不便；

（4）基地作为华侨城与后海的连接地带，多样的交通组织方式十分重要；

（5）周边未形成参与感强、有趣的观光立体交通体系。

2. 交通设计策略

（1）策略一：建立有趣味的深圳海滨观光交通，让出行不再只是赶路

引入云海过山车这一前瞻性交通体系，轨道沿云海中央公园有机穿越，结合地标建筑和主体功能区设置云海驿站。云海过山车将前海、基地和世界之窗紧密串联，这是来自未来的交通工具，可以颠覆人们的交通理念和出行方式。

同时，将自行车道、滑板车道、小轮车赛道、跑酷等多样的出行方式融合到云海公园起伏的草丘、覆土建筑中。

家人、小狗、自行车、滑板车，在这里可以安全通行，让出行充满趣味，让出行不再只是赶路。

（2）策略二：通过叠加式的机动车交通组织应对超高强度的城市开发

超高强度开发必然带来更巨大的人流、物流。

横向类比上海陆家嘴地区，三个摩天大楼的瞬时人流已经成为区域发展的大问题。

本项目应用叠加式的智能交通组织方式积极应对交通总量大、高峰明显的问题，方案中将三个摩天大楼打造成立体化、整体化的交通枢纽，机动交通可以直达地下4层和地面4层，实现多种交通工具的

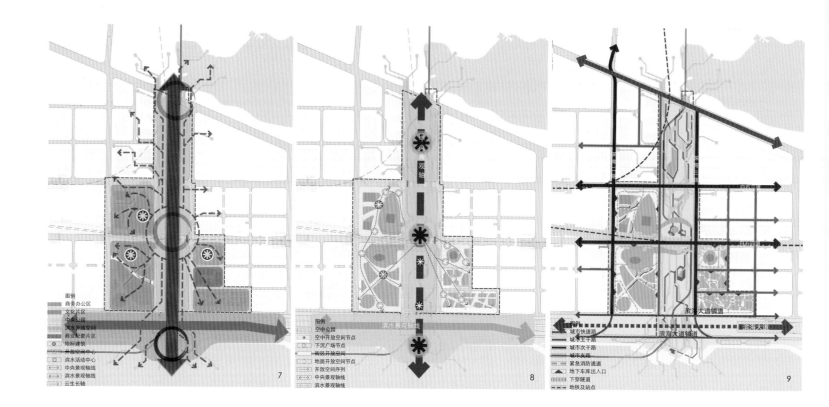

通过与集散，并提供多样的出行方式。

（3）策略三：让滨海大道过境交通消失在海平面，缝合城市海滨

作为连接粤港西部通、带状城市主干道的滨海大道是项目基地通向大海的主要分割。

在本项目云城市中心区，滨海大道的东西向通过性交通通过隧道的方式下地，让过境车辆消失在海平面上。

这样将全面改善云城市中心地块的交通可达性，扩大视野的宽度，有效缝合城市与海滨。

（4）策略四：以云海中央公园为纽带，打通文化经络，文化铸魂，让"生命之树"成为持续能量中心

文化铸魂，打通经络，释放持续活力。

建立云海公园文化带，引导区域步行交通，既要实现教育、文化、培训的融合，又要让所有人找到富有趣味的活动空间。

通过文化脉络，以云海中央公园为纽带，建立层次丰富的、高通达性的、趣味性的步行系统，联结各个地块，形成文化之树，营造活力的步行体验。

3. 交通解决方案

建立城市联系网络——高效的道路交通系统、有趣的体验性海滨观光交通体系、智慧的高速数据网络。

（1）城市联络系统综合发展目标

为应对巨量的城市开发，应建立符合超级总部、数据中枢定位相匹配的，区域化、一体化、差异化、集约化的绿色、低碳综合城市联络系统。

目标分解：

建立以"安全""可控"为理念的综合交通体系。

进一步优化区域对外交通，减弱过境交通对区域开发的影响，强化与粤港通道的连接。

实现综合交通和土地使用的协调，因地制宜完善区内道路及停车系统。

建立以轨道交通为中心，地面公交为主体，多方式协调的公共交通体系，确保交通效率。

建立级配合理的、道路设施总量充分的超级城市中心区道路系统。

合理组织交通，建立人车交织又相对独立的高效运输体系。

创新人流出行方式，建立参与度高、体验性强的观光游览客运系统。

建立巨型综合管沟，形成信息高速公路网络，突出数据汇聚的综合效应。

（2）建立道路交通网络

科学布局路网结构，合理安排城市主干路、次干路、支路的比例，调整与城市快速路的衔接。以立体交通增加交通供给，基于摩天大楼建立从地下到地

上6~8层的车行立体交通。

通过隧道，让滨海大道的过境交通下地，通过地下和地面渠化组织交通，增加地块可达性，减少立交对视线的阻碍。

（3）建立绿色公交网络

围绕地铁枢纽组织公共交通。

以轨道交通为骨干，地面快速公交、普通常规公交为脉络，形成主体公交系统，迅速到达各个功能的中心地区。

以公交优先、TOD的理念推动城市建设。

（4）建立绿道和观光网络，构建"海陆空"一体化的立体观光体系

创新过山车模式，建立云海过山车，作为深圳海边地区的主体观光系统。

云海过山车北接锦绣中华、世界之窗，西接后海、前海，有机串联多级景观观光资源。

让海滨公园的绿道系统延伸到云海中央公园，成为连接全市、全省绿道的部分。

滨海设置游艇码头、直升机停机坪，以游艇和直升机作为观光交通的补充。让人们充分体验城市的海洋气质。

（5）构建多层步行系统

在云海中央公园地面层形成连续的步行区域，沿主要的商业和办公界面打造主要步行街道。

架设"生命之树"空中步行廊道，连接交通枢

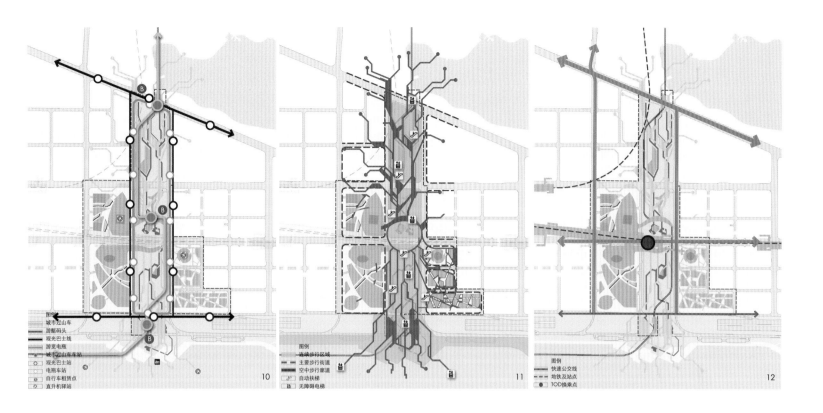

图例
城市过山车
游艇码头
观光巴士线
游览电瓶
城市过山车车站
观光巴士车站
电瓶车站
自行车租赁点
直升机驿站
10

图例
连续步行区域
主要步行街道
空中步行廊道
自动扶梯
无障碍电梯
11

图例
快速公交线
地铁及站点
TOD换乘点
12

纽和各个步行节点。

　　在各主要节点设置自动扶梯和无障碍电梯，完成各层间顺畅转换。

　　（6）地下空间及停车组织

　　设置多层次的活动和交通空间。将地下一层空间以商业街作为主体，下沉广场镶嵌其中，以公共地下空间连接地下停车场、地铁枢纽、商业和其余辅助空间。

　　将公共活动的空间立体化，不仅限于地面，而是变得丰富而有层次。

　　步行、汽车、轨交等不同交通方式在不同标高的分层，交通得以疏解。

　　（7）"互联网+城市综合管廊"基础设施网络

　　建立覆盖云城市中心的综合管廊网络。沿滨海大道、轨道交通11号线、云海中央公园布置综合管廊主干，重点突出综合管廊网络的可拓展性。

　　将"互联网+"理念运用在建设过程中，在满足电力、燃气、热力、通信、广播电视等客户对专业管线的技术要求、维护要求及发展规划的同时，满足通风、排水、抗震防灾、人防等公共安全要求，打造以信息技术为支撑的城市综合管廊基础设施网络。

五、总结

　　我们在深圳湾超级城市"生命之树"项目中尊

重地块高密度的现实，引入先进的设计理念，探索真正适合当地情况的交通设计思路，寻求交通解决策略，充分利用资源，建立叠加式、立体化、整体化、枢纽化的城市联络系统，发挥集聚优势，彰显高效特点，提倡绿色公交，降低污染排放，打造一个丰富多彩、愉悦办公、乐享生活的超级城市。中国高密度城市的发展还在漫漫的求索路上，激励我们进一步学习国内外先进经验，研究城市高密度地区的交通模式。

参考文献

[1] 潘国城. 高密度发展的概念及其优点[J]. 城市规划，1988（03）：21-24.

[2] 魏钢，蒋朝晖，岳欢. 城市高密度地区公共空间整合改进策略研究：以澳门半岛地区为例[A]. 中国城市规划学会. 城市时代，协同规划：2013中国城市规划年会论文集（02－城市设计与详细规划）[C]. 中国城市规划学会，2013：14.

[3] 费移山，王建国. 高密度城市形态与城市交通：以香港城市发展为例[J]. 新建筑，2004（5）：4-6.

[4] 陈可石，崔翀. 高密度城市中心区空间设计研究：香港铜锣湾商业中心与维多利亚公园的互补模式[J]. 现代城市研究，2011（8）：49-56.

[5] 冯杰. 城市高密度开发区域交通对策研究：以上海市杨高路商务走廊开发交通对策研究为例[J]. 城市建设理论研究（电子版），2013（34）.

[6] 果刚. "互联网+城市综合管廊"的初步思考[N]. 中国科学报，2015-12-19.

作者简介

任瑞珊，沈阳建筑大学，上海中森建筑与工程设计顾问有限公司，生态城市研究中心，规划部，设计师。

解道营城：高强度交通下的城市核心塑造
——郑州二七区京广南路两侧城市设计

The Solution Way to form City: City Core District Building under the High Intensity Traffic
—Zhengzhou Erqi District Jingguang South Road, on both sides of Urban Design

冯 刚 毛 羽
Feng Gang Mao Yu

[摘 要]　作为连通各城区快速机动车流的主要通道，快速路是城市发展的交通动脉。城市快速路一方面可以提升区域的交通可达性，使道路周边区域的辐射影响力更加外向，另一方面，快速通过的高强度交通流会在建设用地布局、内外交通联系、形象界面塑造等方面对其两侧的城市生活造成强烈的干扰和影响。因此，在充分利用快速路带来交通红利的基础上，如何解决高强度交通干扰造成的诸多问题，就成为当前急需要解决的研究课题。

本文通过对郑州二七区京广南路两侧城市设计的深入研究，力求探讨出适合于快速路影响下的城市核心塑造设计方法：为避免高强度交通干扰对快速路两侧用地的交通影响，首先应依据不同用地的属性在功能布局上对其进行区分，并在用地布局层面就建构出一套减少与外部交通相互干扰的用地模式与布局方法，配合相关支撑系统，最大限度减少快速交通对内部区域的影响，同时也有利于保持各区域的特色活力。

[关键词]　高强度交通；城市核心塑造；快速路两侧用地；城市设计；郑州二七区

[Abstract]　As the main channel of the fast traffic flow in the urban area of the city, the expressway is the traffic artery of the city development. Urban expressway, on the one hand can enhance regional accessibility, the road and the surrounding area radiation influence more outgoing, on the other hand, fast through a large number of traffic flow in the construction layout, internal and external transport links, image interface shape on both sides of the city life cause strong interference and influence. Therefore, based on the full use of the road traffic bonus, how to solve the problems caused by strong traffic interference, it becomes the urgent need to solve the current research topics.

Through in-depth study of Zhengzhou Erqi District Jingguang South Road, on both sides of urban design, sought to explore the suitable in Expressway under the influence of the urban core shape design method: to avoid high intensity traffic noise of Road on both sides of the road traffic impact, first of all, should according to different attributes in the functional layout of the distinguish and layout level is constructed a set of reduction of mutual interference and external traffic land mode and layout method, with the relevant supporting systems, to maximize reduce rapid transit to the intra regional influence and also beneficial to maintain the vitality of the regional characteristics.

[Keywords]　High Intensity Traffic; City Core District Building; The Two Sides Land of Urban Expressway; Urban Design; Zhengzhou Erqi District

[文章编号]　2016-75-P-074

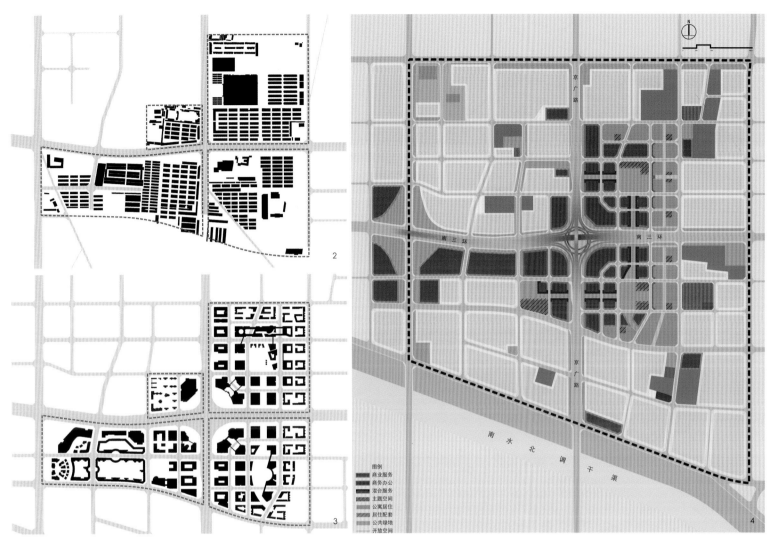

1.日景鸟瞰图
2~3.现状与规划肌理对比分析
4.土地利用规划图

一、规划背景

城市快速路作为各城市中心间的机动车主要通道，发挥着缩短城市时空距离、提高城市交通可达性、扩大城市辐射力的作用。随着城市化水平的提高，城市快速路对城市发展的空间引导作用日益突显，快速路正在日渐成为未来城市发展轴的主要条件。作为城市发展的交通动脉，快速路一方面可以提升区域的交通可达性，使道路周边区域的辐射影响力更加外向，另一方面，快速通过的高强度、高密度交通流会对道路两侧的城市生活产生"强交通"干扰。

所谓"强交通"干扰影响，是指快速路对规划地段造成了强烈分割，在建设用地布局、内外交通联系、形象界面塑造等方面对快速路两侧的建设用地都造成了强烈的干扰和影响。受交通影响快速路周边的城市核心区势必会有特殊的设计特点和布局逻辑。因此，如何在充分利用交通红利的基础上，解决强交通干扰下城市核心区的功能布局、交通组织、形象塑造等设计问题就成为该类型规划重点需要考虑的问题。

二、高强度交通造成的三大矛盾

郑州市二七区京广南路两侧城市设计项目位于郑州市的西南象限，整体规划用地约6km²，核心区规划用地1.8km²，该区域既是二七区南部城市发展新的拓展空间，也是郑州南部发展新的增长极。

规划区最大特点即被南三环与京广两条快速路横、纵穿越，在规划区内全程高架并在中心形成立交枢纽，在提升交通可达性的同时，也将规划用地分割成四个象限，形成高强度交通干扰。

高强度交通干扰与城市核心塑造是城市发展中无法回避的一对矛盾体，规划既要充分利用高强度交通的过境优势，同时又要尽可能减少其带来的强干扰，保持核心区的活力形象，重点有三大矛盾需

要解决。

1. 与功能的矛盾

南三环与京广快速横纵穿越规划区，并在核心区中心形成立交枢纽，在提升交通承载的同时，也将整个核心区切分成为四象限。快速过境交通造成整体用地的强分割干扰，致使各象限之间难以取得紧密联系，不利于城市核心区的功能集聚。

2. 与内部交通的矛盾

（1）可达交通与过境交通的相互干扰

从更大的城市尺度研究可以发现，连接南北各城市组团的两条快速路带来了大量外部过境的交通流，对规划区域交通压力明显增大。而过境与出境交通车辆与核心区内部可达交通流都在主路出入口汇聚交叉，在核心区会形成严重的交通堵塞。

（2）车行交通与步行交通的相互干扰

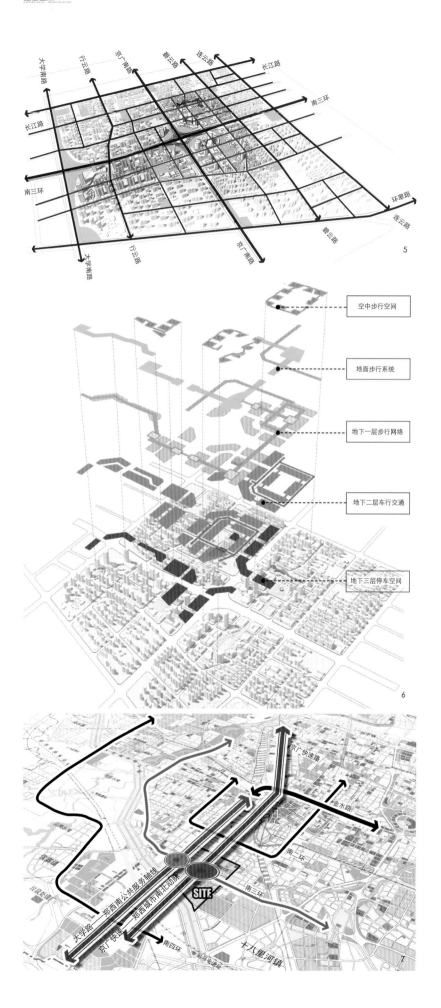

5

6

7

5.道路系统规划图　　7.宏观视角的道路功能定位
6.多层次步行系统规划图　8.城市设计总平面图

快速路通行效益日益显现，已成为机动车全天候的最大汇集处。由于快速路往往连接城市核心区和居住片区，步行交通需求极为旺盛，而行人又很难在过境车流间从容的穿越快速路，被热炒的"中国式过马路"①现象也体现出车行与步行交通相互干扰的无奈。

由于京广南路和南三环的路幅过宽及过境快速车流的分隔，会对高架桥周边四个象限间的步行联系造成严重切断。

3. 与空间的矛盾

京广快速南北连接绕城高速，基地所在区域是进入郑州西南城区的第一站，堪称郑州西南门户。但京广快速高架桥体量巨大，对沿线道路的视觉景观分割也极为严重，不利于门户景观形象的塑造。同时南三环的全程高架快速，缺少人性化的活动空间。如何沿快速路塑造出具有新时代的城市核心展示界面，同时又能满足人性化的形象需求，创造出更多亲人尺度的公共开放空间也是规划亟待解决的问题之一。

三、高强度交通下的城市核心塑造策略

在以往的城市核心区设计中，规划往往从功能层面出发考虑，但是基于本项目的高强度交通特点。本次规划倡导由功能先导转变为交通先导，从高强度交通条件入手，在充分发挥强交通过境优势基础上，通过功能布局、交通组织、空间营造三大策略解决其中的主要矛盾，实现"解道"与"营城"的双赢目标。

1. 功能布局策略

（1）宏观视角的功能定位

解决高强度交通干扰的第一要务，是从更宏观的交通视角解决基地的功能定位问题。郑州市依靠铁路交通建市，历年来城市受京广、陇海两条铁路影响，被切割成四个象限，城市空间以东西轴向发展为主。而从城市总体规划分析，城市中心分布较不均衡，未来郑州西南象限存在着发展缺失。

目前，规划区北侧已有西南象限的两大公共服务节点，即位于老城核心区的，以市政府、郑州大学为核心的碧沙岗城市级服务中心，以及以二七区政府为核心的片区级南二环服务节点。而随着郑州城市逐步向南拓展，规划区与基地南侧的二七新城服务功能的逐渐增强，郑州西南象限的四大公共服务节点正在形成。从宏观城市层面分析，对接城市主干路金水路的大学路，是对城市东西主轴线的有效延续，它作为郑州西南的生活服务发展轴线正在日渐崛起。我们的规划不仅仅打造了西南象限的一个公共服务核心，而是帮助整个郑州树立了西南象限的发展轴心骨！

与大学路相比，其东侧的京广快速路的交通承载力更强，过境交通优势更为明显。通过分析两条快速路的职能差异，规划从宏观的功能定位上，解决强交通分隔对功能的影响：将生活服务主导职能向大学路轴线偏移，而需交通承载力更强的生产服务主

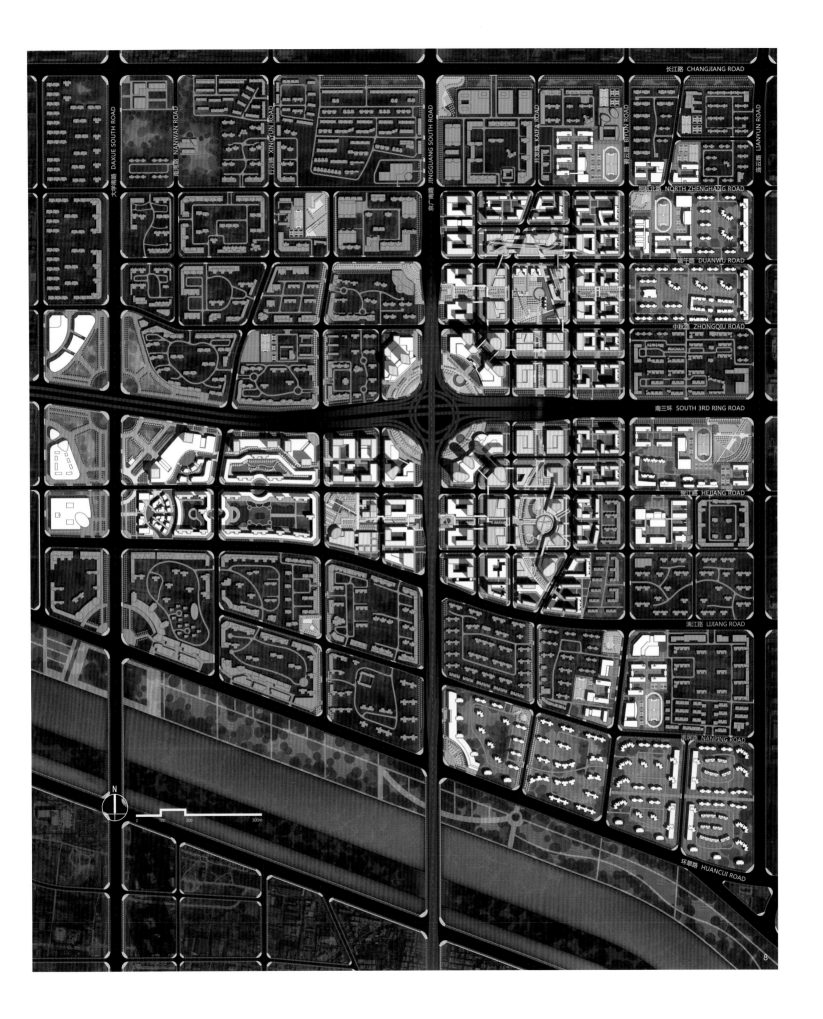

长江路 CHANGJIANG ROAD

大学南路 DAXUE SOUTH ROAD

南湾路 NANWAN ROAD

行云路 XINGYUN ROAD

京广南路 JINGGUANG SOUTH ROAD

开发路 KAIFA ROAD

碧云路 BIYUN ROAD

连云路 LIANYUN ROAD

郑航北路 NORTH ZHENGHANG ROAD

端午路 DUANWU ROAD

中秋路 ZHONGQIU ROAD

南三环 SOUTH 3RD RING ROAD

贺江路 HEJIANG ROAD

漓江路 LIJIANG ROAD

南屏路 NANPING ROAD

环翠路 HUANCUI ROAD

N

0   100   200   500m

8

商业单元

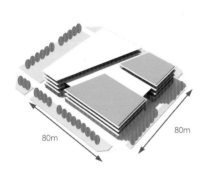

80m 80m

办公单元

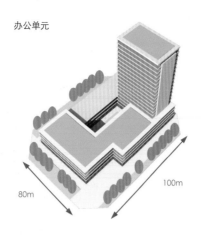

80m 100m

混合居住单元

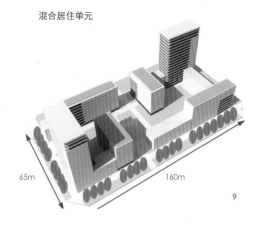

65m 160m

9

导职能向京广快速轴线偏移。

（2）均质化发展模式

在解决了宏观功能定位之后，规划更关注强交通影响下的微观用地布局模式。从交通可达性、拆迁安置成本、内部环境条件、外部发展条件、潜在受众群体五方面对核心区用地综合分析发现，被高强度交通分割的核心区，有三个象限用地的发展条件具有极高的相似性。为了缓解由于片区差异化功能带来的各象限之间频繁穿越的交通干扰问题，规划提出均质化的发展模式。

①功能的均质化

在高强度交通干扰下，规划提出均质混合发展的用地模式。在核心区三象限中均衡布置商业商务、文娱居住功能，形成每个象限自成系统的混合用地单元。区别于内聚向心和分散独立的用地模式，赋予每个区域相同的功能，以保证交通阻塞、开发盈利等实际问题都将会平均分配。同时每个混合用地单元都布置一个便于共享的城市公园，并通过连续开放空间与其他象限的用地单元串联。

②规模的均质化

同时，在核心区各象限均衡布置商务、商业、文化娱乐、居住用地，保证每个象限公共服务的公平与共享。三个象限的用地构成比例均为2:2:1，保证每个象限都是40%的商务办公功能，40%的公寓住宅功能，20%的商业购物、酒店、文化娱乐、休闲康体等公共服务功能。

③布局的均质化

两条快速路造成的高强度交通干扰，使单元内部的用地特性产生差异化。紧邻快速路两侧的用地和远离快速路的内部用地在交通可达、空间感受、内部环境及外部界面塑造方面都呈现出截然不同的特点。

规划根据核心区的公共服务功能的不同特点及对流线、布局的需求，沿快速路由外至内，将三个象限的地块分为商务办公、商业服务、公寓居住三个功能圈层。

a.沿快速路两侧布置商务办公功能

临快速路打造出凸显新时代城市风貌的现代建筑街景形象。同时立交桥周边易形成具有郑州西南门户地位的核心标志点建筑群，隔绝临快速路两侧的噪声干扰，为内部空间创造良好的内环境。

b.远离快速路各中心布置商业及主题娱乐功能

围绕开敞共享的绿色空间布置商业服务设施可以创造更多商业价值。同时远离喧嚣，安静舒适的内部环境易于创造出充满持续活力的现代商业氛围。

c.远离快速路内部地块布置公寓高端住宅功能

住宅可以为外侧的商业商务开发提供更多的盈利可能，同时易于保持核心区的活力，避免空城现象。住宅区共享更多的公共绿化空间，并享受外围居住区公共设施的辐射，易形成安静安全的生活社区。

（4）吸引力的均质化

针对不同的目标受众群体，规划围绕每个象限的公共开敞空间，分别打造游乐主题、文化主题、康体主题，保证每个象限都拥有独具特色的主题吸引力针对不同的目标群体。尽量在城市核心区为市民提供各种文化娱乐活动的更多可能性，并最大化的避免象限之间的相互竞争。这些文化娱乐设施未来将共同组成本地的休闲体系，激发并保持各象限区域持续的活力和吸引力。

2. 交通疏解策略

由于大量交通流汇聚到主路出入口，因此进入快速路两侧用地的交通压力往往较大，规划的首要任务是提升区域内部路网效率，通过合理解决规划区内的交通问题，并通过地上、地下车流进出区内的导引，减少区内、区外交通流的相互干扰。

（1）可达与过境的疏与引

①多样化的可达方式

面对可达与过境的冲突矛盾，规划并未主观减少可达交通性，而是利用区段内所有可抵达方式，整合地铁、快速公交、小汽车、内部捷运等多种交通方式，同时加强各方式的相互转换联系，建立便捷通达的交通抵达系统。

②疏解可达路网结构

在内部路网结构方面，规划增设平行于京广快速的L型辅路，引导交通分流，减少对外部交通的压力，提升沿京广快速地块的内部抵达性。同时建构九宫格式高效路网结构，以增强核心区机动车通行能力，使交通效率达到最高。

③引导交叉口流线

结合高架主辅路出入口的具体情况，对快速路交叉口通行进行互通或右进又出的控制引导，保证各个交叉口车流顺畅。同时，梳理快速路交通流线，通过标识对小汽车进行引导，用最便捷的线路将不同方向的车流引入各自象限。

（2）连续精致的步行体验

步行环境的舒适与精致是保持强交通影响下城市核心区持续吸引力的重要条件。规划通过立体化的步行环境手段，如空中步行连廊、地面林荫大道、地下步行商街等系统，将行人与机动车之间的影响降到最小，并在符合人行尺度的地块和街道中遍布游憩、娱乐、文化设施，创建难忘愉快的步行体验。

3. 空间建构策略

（1）以人为本的空间尺度

①宜人尺度的街坊空间

规划根据各功能需求，划定商业、办公、居住开发单元，宜人的小尺度地块更加便于灵活的商业开发模式。规划每个开发单元都具有宜于步行的地块尺度，同时地块之间有清晰的街道空间和公共空间来划定界限。同时，以各开发单元为基础，通过规划控制组合成扩大的开发单元，各功能单元通过绿色开敞空间紧密相连，形成相互促进的开发整体。

②共享开放的绿色空间

规划通过一个连续的绿色系统串联起整个区域，使区内绿地融入城市整体生态格局，同时打通和

9.宜人尺度的街坊空间
10.夜景鸟瞰图

南水北调总干渠的景观廊道，形成一个通绿达水的完整绿色框架格局。这个完整的绿化框架，使区内绿地完全融入城市整体绿化系统，并补充完善了城市南部绿化系统原有的缺陷，一定层面上也提高了二七区的人均绿地率。规划后二七区建成区的公共绿地总面积为218亩，其中规划区域内公共绿地比原总规增加14亩，规划地块的公园绿地覆盖率达95%以上，符合国家生态园林城市的标准。

在核心区范围内，规划通过三个生态公园，一个社区公园，两条林荫大道将几大被快速路切分的象限有机串联起来，这些公园也为周边的开发项目提供了更多娱乐休闲的场所。

（2）沸腾奔放的门户形象
①节点

考虑到上下高架桥的车辆，可同时观看多个象限的建筑风貌，规划围绕强交通核心，在每个象限都布置不同建筑风格的地标建筑，形成360°标志建筑簇群，实现全方位的视觉引导，全面提升门户形象。

同时，围绕高架桥各门户节点实现建筑圈层布置，从强交通核心向外依次布置店前公园、底层商业、标志建筑，以减少高架桥对底层建筑的遮挡及对高层建筑的压迫，形成低层慢速看"绿"，高层快速

看"楼"的多层视觉体验。
②界面

沿快速路两侧布置商务办公功能，一方面为商务办公人士提供最便捷的交通条件，同时临快速路打造出凸显新时代城市风貌的现代建筑街景立面，并在立交桥处形成具有郑西南门户地位的核心标志点建筑群，形成错落有致、沸腾奔放的城市天际线形象。

四、小结

为了避免高强度交通对城市核心区的干扰影响，在规划过程中应首先从宏观层面对区域的功能定位进行分析，依据不同用地的属性在功能布局上对其进行区分，并在用地布局层面就建构出一套减少与外部交通相互干扰的用地模式与布局方法，配合特色主题、便捷交通、开放绿地等支撑系统，最大限度减少快速交通对内部区域的影响，同时也有利于保持各区域的特色和活力。

随着逐步确立的郑州西南发展轴线的地位和影响，京广快速路两侧地区将迎来新的历史使命和发展契机，它不仅需要充分利用快速交通带来的消费红利，同时应以最大限度减少快速交通对内部区域的干

扰为出发点，依据快速路两侧用地不同属性的相关特点，合理进行相关服务业态的功能布局，同时建立城市公共服务核心所需的弹性发展框架，创造持续提升区域吸引力的活力源泉，最终形成一个繁荣、美丽、绿色、真正亲近市民的城市璀璨核心！

注释

① "中国式过马路"引自百度百科，即"凑够一撮人就可以走了，和红绿灯无关，体现从众心理"。中国的马路过宽，信号灯时间太短，一个信号灯根本走不完，所以只能红灯的时候就开始过。

作者简介

冯 刚，研究生，北京清华同衡规划设计研究院，详细规划中心二所，项目经理；

毛 羽，研究生，北京清华同衡规划设计研究院，详细规划中心三所，项目经理。

滨水公共空间引导下的城市设计
——以佛山禅西新城城市设计为例

Waterfront Leading Urban Desginof in High Density Urban District
—A Case of Chanxi Newtown, Foshan

张力玮 程 亮 孙 倩
Zhang Liwei Cheng Liang Sun Qian

[摘　要] 　城市交通与城市用地之间的矛盾一直存在，为合理进行交通规划和城市规划，需要突破交通被动配套城市发展的传统规划理念。本文以上海市金融服务产业基地为研究对象，应用实证方法，从交通引导区位优势提升、交通需求引导差别化分区、道路功能引导土地功能布局、公共交通引导城区公共空间形态、慢行交通引导空间布局和特色交通引导旅游业布局等几个方面论证了"交通引导发展"理念在城市规划和城市空间布局中的实践意义。希望本研究所得结论对其他城市具有参考价值。

[关键词] 　交通引导发展；城市规划；实践；上海市

[Abstract] 　Contradiction between urban transport and urban land has always existed, this article breaks the shackles of the traditional concept that traffic passive supporting urban development. By applying empirical method on the Shanghai Financial Services Industry Base (SFSIB), the practical significance of Transport Oriented Development(TOD) in urban planning and urban space is discussed from the following aspects: traffic guidance improving the regional advantages, traffic demand guiding different partition function, road function guiding different land function, public transportation guiding the urban public space, slow traffic system guiding public space and characteristics of traffic guiding tourism layout. We hope that the results in this paper also have some reference value to other cities.

[Keywords] 　TOD; Urban Planning; Practice; Shanghai

[文章编号] 　2016-75-P-080

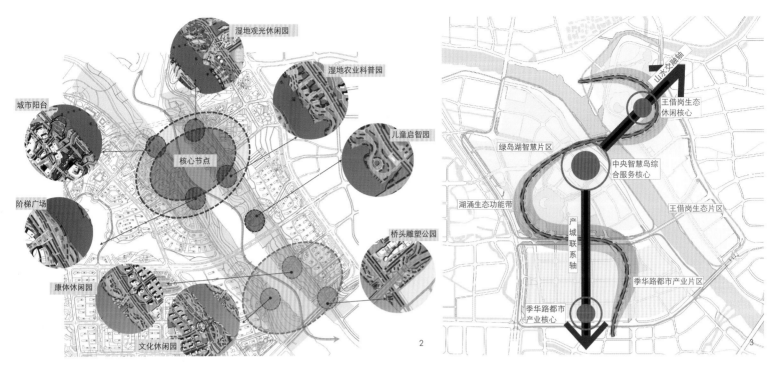

一、引言

在当今经济发展和技术进步的双重推动下，我国城市建成区的规模不断扩张，高密度的新城开发已经成为市场和城市管理者的共识。然而，高密度开发在解决了增加财政收入、引导产业发展、集约使用土地、容纳城市化人口等问题的同时，也带来了大量的新的问题。在今后的新区规划设计中，如何充分利用各种自然生态要素引导开发建设，缓解高密度发展带来的弊病显得尤为重要。本文通过佛山东平河一河两岸地区的城市设计实践，对这一议题进行了探索。

二、高密度新城开发带来的主要问题

1. 交通问题

高密度集中化的城市土地利用模式使城市自身的交通强度日益提高，私人交通工具大量使用，完善度较低的公共交通及与老城区的潮汐式通勤，都为新城未来的发展埋下了交通问题隐患，并将派生一系列社会、环境问题。

2. 文脉断裂问题

现有的新城建设多以现代化的城市风貌完全取代原有的阡陌、农田、村落格局，割裂了基地与原有自然风貌、空间标识、文化之间的联系。不仅造就了千篇一律的新城空间风貌，也让生活在新城中的人们难以对其建立场所感和认同感。

3. 人性化尺度缺失问题

人眼能确切感知的空间不超过100m×100m。这也是为何中世纪老城的公共空间尺度均小于这一范畴。新城设计中往往充斥着宽阔的大马路、数公顷的大广场等象征性空间，这类大尺度空间让城市居民难以在其中驻足和休闲，不利于形成良好的工作生活氛围。

4. 环境问题

现有的高密度绵延的新城开发模式与环境之间的互动已经引发了明显的不良结果。一方面，连续的高密度硬质化城市空间汲取了大量的能源用以调节其局部气候，产生了严重的热岛效应。同时，自然风、水域等气候调节因素往往因为高层建筑的阻挡难以缓解该问题。另一方面，大量的硬质表面将大量的雨水排入河道，对城市的排水设施造成了严重的负担，同时影响了地下水水位，在面对极端气候时往往会面临内涝等次生灾害。

三、滨水公共空间在高密度开发中的作用

滨水空间是城市重要的景观生态资源，也是以往的城市开发建设中因财力、技术等原因常常被忽略的要素。经过系统化设计引导的滨水公共空间能够在一定程度上缓解原有高密度新城开发的诸多问题，其应用价值主要包括。

1. 引导健康合理的交通方式

经过设计处理的滨水空间兼具良好的生态环境和多样化交通方式的支持，是城市慢行交通的重要通廊。同时，结合城市公共交通站点，尤其是轨道交通站点进行的滨水公共空间开发能够有效地疏解城市的通行交通，倡导绿色健康的出行方式，并且进一步降低新城对汽车通勤的需求。

2. 延续城市文脉与风貌特色

历史上，多数人类聚落均傍水而建，滨水空间往往承载了地区的生产、生活方式印记以及人文历史遗存。通过对当地滨水文脉要素的研读，能够较好地延续原有的空间文脉，保存城市的空间记忆。

3. 激发城市公共活力

滨水空间兼具游、憩、景等特点，能够吸引大量的人流进入其中展开公共活动。例如，上海外滩、横滨21世纪未来港、悉尼歌剧院、新加坡Marina Bay、纽约自由女神、威尼斯圣马可广场等诸多世界知名的公共空间均是滨水而建。精致的滨水活动空间对城市活力的集聚和带动能够为新城发展提供重要的人气支持。

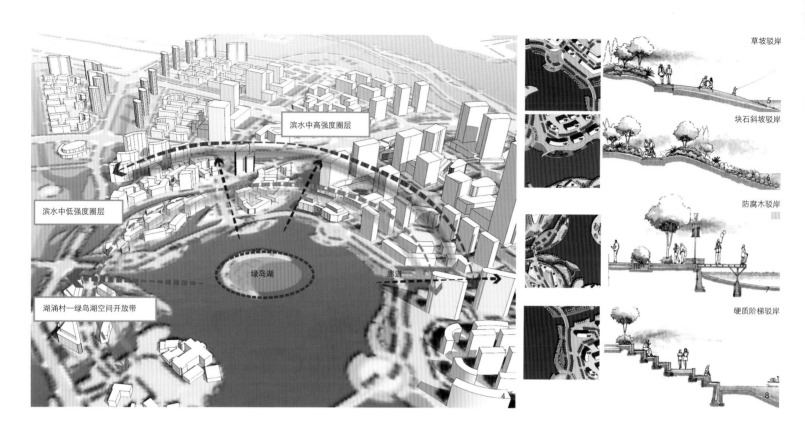

滨水中高强度圈层

滨水中低强度圈层

绿岛湖

廊道

湖涌村—绿岛湖空间开放带

草坡驳岸

块石斜坡驳岸

防腐木驳岸

硬质阶梯驳岸

4~8.绿岛湖高度控制与驳岸设计
9.城市设计总平面图

4. 平衡城市生态系统

对除城市主要河道之外的水体、滨水空间进行保护和扩展具有多重生态价值。滨水空间形成的通廊能够强化自然通风，较好的缓解城市热岛效应。滨水湿地网络的保留则能够扩大雨水渗透面积，缓解暴雨径流，同时较好地提升城市生物多样性。

5. 提升城市经济、社会、生态价值

由于滨水空间的稀缺性和宜居性往往能够带动周边土地价值提升，对滨水空间进行高强度、私有化的住宅开发已经成为国内多数城市的现状情况。但是随着时间的推移，许多城市已经意识到滨水空间的实际价值远大于一次性的住宅用地出让价值，塑造公共化、生态化的滨水空间方能给城市带来长远的发展。

四、滨水公共空间引导下的城市设计——佛山东平河一河两岸城市设计

1. 背景概况

项目位于佛山禅城区西侧，东至工贸大道、南至季华路、北至东平河与佛山水道交汇处，西达佛一环高速，总用地7.60km²。基地内景观资源十分丰富，湖涌纵横村落棋布，东平河、王借岗火山遗址公园、绿岛湖等城市级景观生态资源皆位于基地之内，现状用地以村镇用地、工业用地、绿地为主。

近年来，佛山执行"强中心"战略，主推中心城区"一老三新"四板块，本项目基地属于其中的"一新"。在这一发展格局下，作为主要的跨东平河发展板块，基地的"融河""衔接""提升"作用日益凸显，将承载重要的城市综合服务职能。

2. 历史因素与现实因素

项目基地在历史上较长时间内都是水网纵横、独具特色的岭南水乡，基地西侧的湖涌村至今都保留了岭南水乡特色的空间格局。基地东岸的王借岗火山遗址在改革开放前都是佛山的制高点与地标。

随着城市的迅速发展与扩张，基地内的水网面积急剧缩减，取而代之的是填水造陆的城市工业用地和住宅用地。原有的水乡文脉几乎消失殆尽，山水相成的王借岗也在城市建设的浪潮中逐渐失去其标志性地位。目前，基地内已出让用地占了总建设用地的60%左右，已出让的住宅、村镇建设用地的容积率为3，商业用地容积率为4，整体开发密度较高。同时，为了支撑基地禅西片区综合服务中心的职能定位，上位控规中对基地内用地的开发强度设定均较高，对开放空间及空间环境质量考虑不足。

3. 设计理念

在面对重要的岭南水乡文脉与特色的延续和高密度城市化开发的矛盾时，设计提出文脉延续，以水为脉，活力新城的设计理念，试图以滨水空间要素和文脉为核心纽带，营造能够聚集人气同时符合基地功能定位的城市空间。

4. 水乡文脉的延续

基地西侧的湖涌村是岭南水乡的代表。这类水乡沉淀了当地聚落和自然环境融洽的关系，体现了浓郁的岭南风情。通过对湖涌村的深入研究，对其发展格局进行分析，我们认为湖涌村的空间格局呈现出以下特点：聚落依托纵横交错的水网，形成大小不同的组团；村庄依托湖面与水网交汇的结合处，作为公共核心岛，是居民公共活动最为集中的地方；围绕中心湖面和水网，展开岛状布局的聚落；聚落内各组团由水陆交通网络紧密联系起来。

在当前发展中，随着城市路网和填湖造路的推进，基地的湖涌的特色和原有的"涌一岛"格局正逐步消失，同时东平河由于河堤的遮挡，长期以来是作为基地东西连接的门槛和视觉景观的障碍物而存在。设计首先从现状资源出发，探究基地历史特色，理清其文化脉络，由提炼出发展过程中的独特要素，赋

予其新的含义。提取四要素作为城市设计的素材：
"湖"作为开敞的公共活动空间，是重要的生态景观
要素之一，诸多公共活动由此展开；"岗"是整个地
区的视觉中心，同时也是提升区域品质的特色亮点；
"岛"是城市功能展开的核心区域，是聚集人气的核
心所在；"涌"是作为各个组团功能联系和跨河发展
的重要纽带。

5. 以水为脉的功能结构

从基地目前保留的水系入手，设计结合东平河
一河两岸功能联系和绿岛湖周边功能联系的需要，提
出了塑造"湖涌肌理带"，在功能上、空间上和景观
上对东平河两岸、绿岛湖周边进行呼应。通过不同主
题的滨水公共空间，将功能各异的空间组团相串联。
同时结合对文脉要素的提取和布局，营造一种有机的
生长的空间格局，统领四个岛状组团，衔接一河两
岸。以"一心""一带""三组"团的"岛链未来
城"结构实现设计目标。

"心"为基地中央的智慧岛组团，该组团，集
成绿岛湖、东平河滨水空间特色，延续水乡文脉肌理
塑造而成的中央智慧服务岛，作为统领整缮西片区的

形象标志，衔接东平河两岸滨水公共活动中心，提升
城市副中心产业能级的都心绿岛。

"带"为一条完整的，由岭南湖涌的特殊肌理
提炼出的空间序列组成的湖涌肌理带，这条生态纽带
将大尺度的基地划分为四个特色鲜明的城市组团，联
系东平河两岸。同时湖涌肌理带通过轨交站点、水上
巴士衔接区域和内部功能，最后湖涌肌理带作为开敞
空间和公共活动的场所，有效缓解了连续的高密度城
市空间带来的诸多"城市病"，热岛效应、城市通
风、雨水径流等问题都能通过湖涌肌理带得到有效解
决。"一带"为东平河两岸的高密度空间的健康有序
发展奠定了基础。

"三组团"为创意文化园组团、王借岗生态综
合组团、季华路都市产业功能组团。根据上位规划
和已出让功能生长而成，形成综合性的产业—生活
组团。同时组团均还原了岭南水乡中"岛"的肌理
内涵。作为高容密度城市开发的主要载体，三个组
团承载了主要的开发建设和经济产业活动。

6. 活力水岸的节点设计

设计提供了多样化的滨水开敞空间，意图让人

们能够从不同角度体验岭南滨水风貌特色。设计同时
也为不同类型的滨水空间赋予了不同的功能内涵，使
其能够更好地衔接周边组团功能，提升公共活动水平
和滨水景观质量。本次城市设计主要打造了东平河两
岸结合不同用地功能塑造的滨水节点、湖涌肌理带的
滨水生态节点，以及中央智慧岛的核心节点。

（1）东平河滨水空间设计

东平河作为基地的主要滨水资源，因受河堤制
约长期得不到有效的利用。设计为提高东平河的景观
价值与活动空间，为周边的高密度城市开发提供充足
的活动空间，提出活力西岸，生态东岸的主题。根据
周边岛状组团的功能特征划分五个主题段：自然生态
段、活力门户段、文化休闲段、湿地景观段及邻里生
活段。自然生态段：与中央智慧岛结合，提供漫步、
休憩、交流、商业展示场所，与滨水建筑相互融合；
活力门户段：主题文化雕塑展现岭南文化，地方文化
与景观相结合，寓情于景；湿地景观段：因地制宜，
结合王借岗古火山遗址共同打造湿地生态休闲公园；
邻里生活段：与社区相邻的滨水公园，提供轻松、休
闲、舒适的景观感受；以东平河串联多主题功能景观
节点，形成开合有致，两岸互动的滨河开放空间。

每个主题段包括一般的活动空间和节点硬质空间，同时为了减少河堤对人们亲水活动的制约，设计从平面、断面等角度进行了大量的研究论证与部门交流，提出结合各区的节点空间设置少量的垮堤通道，在不影响防洪的前提下促进滨河空间的利用。

（2）湖涌肌理带滨水空间设计

湖涌肌理带兼具隔离高密度组团、雨水渗透疏导、生态湿地、开放空间和少量休闲服务功能。通过低密度的带状滨水公共空间，串联不同功能区，结合各个功能区的特质，塑造多段多主题的风貌景观，内部多样化的滨水空间和水体为水上活动的展开和滨水活力的集聚提供了基础。整个湖涌肌理带分为两大部分，东平河东岸的湿地公园部分和东平河西岸的绿岛湖部分。

湿地公园部分以王借岗火山遗址为依托，在原有用地基础上，结合水系等自然条件，形成生态湿地公园区和整个东岸的入口门户区域。设计充分利用现状湖涌，形成大小串联的多个湿地净化系统对流经的水体进行过滤、净化等处理。该区域通过与东平河及其他水系贯通，以达到涵养水源、恢复植被、调节径流、改善微气候等目的，同时，还兼具一定的蓄洪和雨水吸收作用。

绿岛湖部分保留了已出让用地边界，在可落实的基础上回归设计价值取向，延续湖涌肌理的格局，明确地块内各层次的交通联系方式。该部分区域增加了东岸的开敞空间，能够有效提升土地价值与人气。为保证滨水的景观效果和环境质量，设计提出沿绿岛湖进行圈层式的高度限制方法：在绿岛湖周边100m范围内控制中低强度滨水界面；在外围圈层设置中高强度控制区，保证开发量和景观生态的均衡。

五、结论

在高密度的城市开发所带来的经济效益、成本效益有目共睹，但集约化开发所带来的社会、环境问题同样不可忽略。在现有技术条件下，我们认为将城市的滨水空间等自然资源充分利用是解决高密度城市发展问题的有效途径。通过城市设计、规划管控的手段最大化实现自然要素的经济、社会、生态价值，有效预防和缓解高密度开发的负面作用，以达到提升城市生活品质、延续地方文脉、凝聚城市活力和可持续发展目的。

作者信息

张力玮，华东建筑设计研究院有限公司，规划师；

程 亮，华东建筑设计研究院有限公司，设计总监；

孙 倩，华东建筑设计研究院有限公司，建筑师。

10.整体鸟瞰图
11.中央智慧岛鸟瞰图

传统城市中心区城市设计策略分析
——以宁波中山路为例

Urban Design Strategy of Traditional City Center
—Case Study of Zhongshan Road in Ningbo

田光华
Tian Guanghua

[摘　要]　城市是一个不断更新的有机体，在当前快速发展的背景下，传统城市中心区的更新面临着一系列问题，诸如功能陈旧、交通拥堵、设施老化、形象混乱等，使得传统城市中心区的吸引力下降。如何对这类区域进行有机更新，本文结合宁波市中山路改造项目，从城市设计角度建构设计分析思路，提出功能升级、交通增效、活力塑造和品质提升策略，并提出了全程设计支撑的实施策略，保障改造项目在统一的指导下有序进行。

[关键词]　传统城市中心区；城市设计策略

[Abstract]　The city is a constantly updating organism. In the current background of rapid growth, renovation of the traditional urban centers facing a series of problems, such as the old function, traffic congestion, aging facilities, confused appearance and other issues, reducing the attractiveness of the traditional urban centers. How to update such region? In this paper, we take the Zhongshan Road Reconstruction Project in Ningbo as an example, established the analysis route of design from the viewpoint of urban design, brought out the strategies including function upgrading, traffic efficiency promoting, vitality shaping, and quality improving, and proposed the implementation strategy to support the full process. Through these measures, the project could orderly carry out under the unified guidance.

[Keywords]　Traditional City Center; Urban Design Strategy

[文章编号]　2016-75-P-086

1.规划设计总平面

一、传统城市中心区更新面临的主要问题

传统城市中心区是指经过了较长时间的发展，形成了一个城市或一定区域的综合服务功能的中心区。所谓"传统"是与城市新区建设中形成的新城中心区相区别的。传统城市中心区经过漫长的建设与不断的更新改造，形成了厚重的历史积淀，延续着城市的格局、肌理，以及附着在其上的文化。传统城市中心区商业繁华、交通繁忙、设施相对完善、富有文化氛围，但同时也存在很多问题，需要不断更新完善。

以宁波中山路为例，中山路位于宁波市老城核心区，是城市东西向的主轴，建成史至少可以追溯到

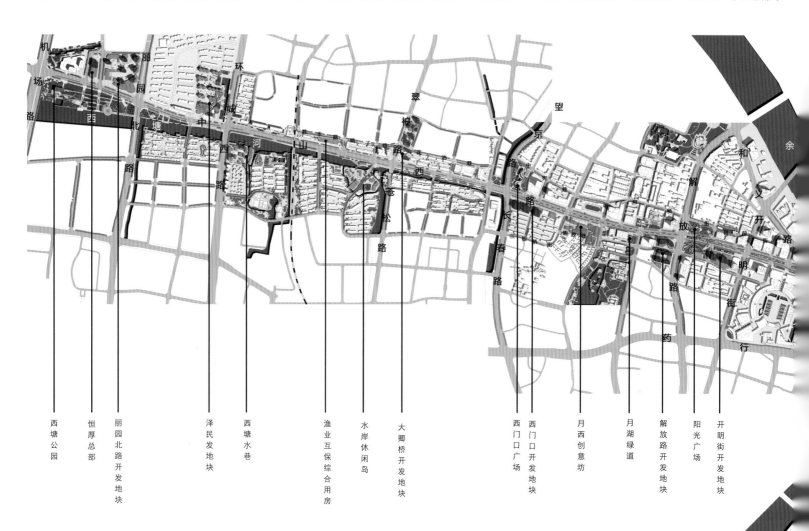

西塘公园　恒厚总部　丽园北路开发地块　泽民发地块　西塘水巷　渔业互保综合用房　水岸休闲岛　大卿桥开发地块　西门口广场　西门口开发地块　月西创意坊　月湖绿道　解放路开发地块　阳光广场　开明街开发地块

唐代，具有1 000多年的历史，沿线分布有大量历史遗产，同时也是具有当代典型城市风貌特征的商业大街。近年来伴随着城市空间的急剧扩张，城市新区、外围副中心迅速崛起，新建的城市中心功能业态适应当前需求，汇集了大量人气，而作为传统商业中心的中山路则显得较为落寞，结合宁波中山路的分析，可以总结传统城市中心区一般存在以下4个方面问题。

1. 功能陈旧

功能的陈旧是一个相对概念，新陈代谢是城市每天都在发生的事情，传统城市中心区功能陈旧是指其功能业态更新难以满足时代需求，与新建城市中心区相比，功能显得陈旧。陈旧的另一面也意味着传统城市中心区具有较多的历史记忆，传统文化的传承，那么中心区的复兴就不是简单的拆旧建新，引入新兴业态，同时也要发挥传统文化在新时期的积极作用。

2. 交通拥堵

城市交通拥堵成为当前城镇化和机动化发展背景下大中城市普遍出现的问题，城市中心区因建设强度大、人口密集、活动频繁，成为城市交通问题最为严重的区域。宁波市中山路目前同样存在路段交通拥挤、核心区段停车秩序混乱、步行环境较差等状况，严重影响了中山路核心功能的发挥。

3. 吸引力下降

传统城市中心区与新区中心、城市副中心的服务同质化，而服务价格、交通可达性又缺乏竞争优势，导致传统城市中心区竞争力下降。

4. 城市形象混乱

传统城市中心区改造成本高，新建建筑较少，原有建筑因年代久远，部分建筑面貌陈旧；经历了改革开放以来的快速发展，城市面貌发生了巨大改变，但快速的城市建设对城市设计缺乏系统考虑，城市空间秩序较为混乱。

二、设计分析思路

在了解宁波市中山路目前遇到的主要问题后，首先是明确中山路的目标定位，然后制定研究思路，形成城市设计对策，并进一步细化落实，形成针对各系统的城市设计导则。

1. 准确定位

首先是在宁波市乃至区域范围思考传统城市中心区的定位，不是要复原历史上辉煌的宁波府城，也不是要重新再走一遍改革开放后城市快速扩张建设的老路，更不是要在老城区再复制一个风貌统一的现代

新城，而是需要真正充分发挥宁波中心区的历史与环境氛围的魅力，促进多元文化的和谐共存，通过基于新型城镇化理念的建设，重塑宁波中心区的代表性城市形象，依托自然资源实现城市中心区品质的提升。

然后回到中山路，思考传统城市中心区到底需要怎样的中山路？不是需要一条展览性质的城市轴线，也不是需要一条类似上海世纪大道的景观型、交通性道路，更不是仅仅在中山路上炫耀几个标志性建筑，而是希望打造一条具有标志性与容纳各种城市活动的活力中轴，希望借中山路的改造重塑宁波充满魅力与高效的中心区，从整体区域的角度解决中山路目前的困扰。从而确定中山路的定位为区域性高端服务集聚带、创新性城市建设示范平台、多元化城市文明传承中轴、全维度甬城形象展示窗口。

2. 系统梳理与建构

（1）系统研究范围

将中山路放在中心城区范围，对其功能定位、空间结构、交通系统、绿地水系等方面进行研究，建立中山路与区域之间的紧密联系。

（2）系统建构范围

对中山路沿线空间进行梳理，重点关注水系、开放空间、商业业态、历史文化、城市特色等系统，建立与中山路功能空间紧密联系的范围，形成中山路

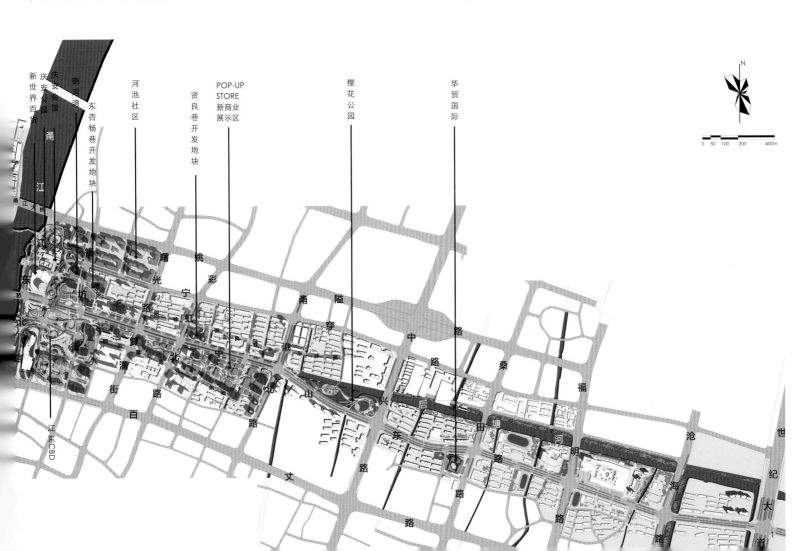

2

3

机场路　环城西路　翠柏路　望京路　文化休闲中心　甬港北路　中兴路　福明路　世纪大道

西门口广场　鼓楼商业区　时尚商务中心

西塘公园　西塘水巷　水岸休闲岛　月西创意坊　阳光广场　娱乐消费中心　江东新商业展示区　樱花公园　世纪东方商业广场

塘河人家　府城古韵　繁华商埠　未来城市　宜居绿城

解放路　江夏街　箕漕街

2.阳光广场改造方案
3.三江口立体步行廊道
4.总体鸟瞰图
5.轴线发展构想

沿线与外围更大范围在空间和功能上的衔接与互动。

3. 规划实现路径

结合不同区域的现状情况分别提出重塑动力和提升品质两条规划路径。重塑动力路径针对城市更新重建区，现状建设较为破旧或既有建设与发展需求不吻合的区域，对于这类区域重在功能结构重组，通过注入新兴功能，更新城市面貌；提升品质路径针对城市优化改造区，现状需要大面积保留的区段，规划重在功能查漏补缺，梳理公共空间，挖掘城市特色。

在两条路径的方向指导下，规划主要从4个方面进行系统的设计，提出4大规划策略，分别是功能升级策略、交通增效策略、活力塑造策略、品质提升策略。通过4大策略在空间上的落实，将整体结构落实在用地性质上，对中山路沿线地块进行控制，使城市设计确定的策略具有有效的控制手段。

三、城市设计对策

1. 功能升级策略

规划对中山路沿线现状业态进行了详细调研与分析，最终，确定了在中山路沿线可能发展的五大产业方向：生产性服务业、生活性服务业、设计与创意产业、设计与创意产业和文化旅游业。针对这五大方向，在中心城区范围内对相关产业的发展情况进行分析，研究中山路在五大产业方向上应承担的角色。

（1）生产性服务业

在三江口核心区引入时尚商务区概念，以高端商贸服务、金融服务、总部经济、文化创意产业、高级人力资源服务为主，打造高端的时尚商务区。

（2）生活性服务业

中山路沿线定位为高端休闲消费服务，重点培育体现潮流风尚的业态类型，融购买、娱乐、休闲、消费者体验等多种功能于一体。

（3）设计与创意产业

选取月湖历史街区打造文化创意街区、古玩艺术品交易中心等业态。结合宁波书城与和丰创意广场，设置东滩文创水岸园区，集中打造文化、创意、交流的城市客厅，使中山路沿线成为宁波产业战略提升的重要载体。

（4）电子信息产业

电子信息产业是宁波市重点发展的产业之一，规划在江东核心区打造综合电子商务平台，着重发展产品展示、信息发布、艺术传媒、电子商务、软件开发、网络服务等功能。

（5）旅游业

中山路沿线旅游资源丰富，是宁波市旅游发展的核心区域，更是城市主要的旅游服务区域。规划三江口为城市游憩商务区CRD，重点打造宁波市的旅游服务中枢。

2. 交通增效策略

针对中山路复杂的交通问题，提出5大措施，分别是：多重保护核、TOD模式、主后街一体化、中央立体景观步道和智能停车系统。

（1）多重保护核

在城市层面建立第一重保护核，以快速路疏解中心区交通，在中山路东西两端建立P＋R换乘设施，结合交通管理措施，截流进入中山路区域的小汽车交通量；充分发挥中山路两侧平行道路的交通分流功能建立第二重保护核；在三江口核心区强化环形道路的通行能力建立第三重保护核，从而实现核心区到达性交通与过境性交通的分离。

（2）TOD模式

对中山路沿线各轨交站点周边的公交站点、出租车扬招点、社会停车场、公共自行车租赁点进行整合和组织；在集中居住区通过设置垂直于轨交线路的穿梭巴士，扩大轨道站点辐射范围，以沿线多个TOD为核心组织城市公共活动。

（3）主后街一体化

在中山路核心段结合现状情况组织单后街与双后街两种方式，后街形成宜人的街道尺度，容纳丰富的生活服务功能，交通上简化了主街的交通组织，拓宽了核心段的步行空间。

（4）中央立体景观步道

在中山路核心区段结合已经规划建设的地下商业街，通过道路断面调整、非机动车限行、绿化分隔带合并等措施，腾出断面空间集中在道路中央设置一条宽度达到20m的景观步行道，实现地面和地下商业空间、地铁的连通，避免地下空间连续过长带来的压抑感，保证地下空间的通风采光与节能，同时可以结合一些标志性的构筑物和中央绿化，极大的提升中山路核心段的城市景观形象，真正使中山成为具有标志性的活力中轴。

（5）智能停车系统

在核心区设置三处"一站式"停车节点，通过一次停车解决多种出行目的，充分利用公共绿地建设地下公共停车场，整合各单位配建停车空间，进行统一调度，满足核心区停车需求。此外，利用与中山路垂直的道路，在距离中山路一定距离的位置设置"截流式"停车空间，用以截流进入中山路的小汽车，从而减少对中山路的交通压力。

3. 活力塑造策略

结合现状开发强度分布，在中山路全线落实TOD开发理念，在地铁站点周边布局各类公共性质用地与可开发建设地块，引导地铁站周边进行高强度开发，并由此形成天际线上重要的视觉焦点，由此形成新的空间爆发点，结合爆发点进行相应的项目策划，各爆发点采用多元功能复合模式，将多种功能采用水平复合与垂直复合相结合，通过这种方式来增强核心地块的活力，以点带线，整体激活，依托轨道交通实现以公共交通为基础的城市空间的精明增长。

4. 品质提升策略

（1）活用的绿色

对公共开放空间进行系统化与品质提升。主要措施有：在三江口区域规划结合线性绿带、跨江步行桥梁，构建连通三岸的"活力绿环"，使三江口沿岸的公共开放空间一体化、步行连续化；在江东现状沿江地带，降低江东北路的道路等级，压缩红线宽度，扩大甬江东岸滨江绿地空间，将江东北路另一侧的庆安公园向滨江绿地敞开，形成"绿色口袋"，丰富滨江活动类型，转变现状滨江单一线性的游憩方式，实现城绿共融；在中山路东西两端主要是强化绿地的连续性，以公园和水系为依托，将部分住宅区内部化使

用的滨河空间改造为开放的公共绿地与广场，整体连通滨水绿带，强化宁波水乡的城市特色风貌。

（2）活态的传统

大系统构建主要对更大范围内的历史传统街区进行结构梳理，在核心区内重点复兴护城河，连通护城河沿岸的现状绿地，建立古城门户节点、历史街区、主要商业综合体等公共活动空间之间的联系通道，形成内外通达的游憩系统。

植入新功能主要是针对历史街区的复活，严格保护历史街区的物质空间，通过植入文化创意等新兴的休闲体验功能，形成具有活力与宁波历史味道的文化创意街区。

（3）活化的标志

针对现状城市天际线存在"落差过大、重点不突出"的问题，结合地铁站周边地块开发，形成天际线上的视觉焦点，对于落差过大区段结合分层的建筑群体高度控制，形成起伏有致的整体轮廓。

标志物设置方面提出"重点控制、分类设置"标志物的思路，主要确定高层地标建筑；对现状城市特色不突出的问题，着重进行特色建构筑物、桥梁的设计引导，从而建构特色鲜明的标志物系统，强化城市形象特征。

四、项目特色

1. 系统梳理与区域整合

面对传统城市中心区和中山路这样的城市局部但最为重要的区块，需要从城市甚至区域的层面来对其进行系统分析，从而准确的定位目标区域的功能、交通和景观风貌等系统；并强化规划区域与周边区域的系统衔接，促进区域整体提升。

2. 空中、地面、地下协同一致

功能上强化垂直方向的分工，形成功能上的多样复合，增加片区活力，特别注重地下空间的系统化利用；交通上形成立体化系统，建立空中步廊、道路中央景观步道、地下商业街相互衔接的步行系统；景观上注重天际轮廓线塑造、建筑立面整饬、街道空间建构。

3. 强化用地层面和建筑层面的功能混合

用地上减少了单纯居住用地的面积，大幅增加了各类用地的混合，提倡城市中心区的功能的复合；建筑层面上强化水平方向和垂直方向的多业态混合，增强城市活力，实现了城市核心区段的精明增长。

4. 更新升级城市支撑系统

交通上强化以绿色交通为主体，并建立完善的慢行系统，加强交通管理的智能化；在中央景观步道建立下凹式植草沟，沿中山路建设综合管廊，对传统城市中心区的支撑系统更新升级。

5. 实施策略

针对中山路改造项目，建立了从系统规划、城市设计、设计导则、改造方案的全程设计支撑，保障前期策划到后期实施之间的思路统一，保障中长期战略与近期实施之间的有序衔接。

作者简介

田光华，上海同济城市规划设计研究院，主任设计师。

6.东门口改造方案
7.水岸休闲岛改造方案

七彩蝴蝶 梦幻大理
——大理市下关城区重点地段城市设计

Colorful Butterfly Dream Dali
—The City Planning of Key Areas in Xiaguan District ,Dali

程 炼
Cheng Lian

[摘 要] 大理下关城区多彩多姿，形如一只张开翅膀的蝴蝶。本文简要介绍其重点地段规划设计概况。该规划彰显亮点，突出特色，提取历史、文化、滨水、自然等禀赋要素，注入滨水RBD、绿色CBD、门户形象等创意要素，通过整合，构成系统的"蝴蝶概念"，提出将其建设成为世界级旅游城市滨水核心区的宏伟愿景，以期带动城市有序更新和建设。规划范围为9km²。在"蝴蝶"引导下，围绕六大核心议题进行城市设计和规划控制。

[关键词] 七彩蝴蝶；个性定义；功能聚合；价值提升

[Abstract] Xia Guan, a town in Da Li, is very colorful and beautiful. It's like a butterfly with outspread wings. This essay is a general introduction about the planning and design of the important parts in town. This plan shows its strengths and stresses its features. It combines some natural elements like history, culture, waterfront and nature with some creative ideas such as waterfront RBD, green CBD, gateway image. So a system of "butterfly concept" is formed. I propose that we plan to make it a world class tourism urban waterfront core area in order to promote urban construction and development. The planning area is 9 square kilometers. In this essay, under the guidance of "butterfly", six core issues will be discussed to do the urban design and planning control.

[Keywords] Colorful Butterfly; Personality Definition; Functional Aggregation; Value Promotion

[文章编号] 2016-75-P-092

1.规划远景
2.用地功能构成图
3.总体概念平面

一、引 言

大理，位于云南省西北部，苍山之麓，洱海之滨，是中国西南高原地区的一颗璀璨明珠。

下关城作为大理市的核心区域，大理四大名景之———"下关风"的主要观赏地，承载着多重城市核心职能。这里风光秀丽，景色迷人，山与水交相辉映，是湖泊与陆地共生，城市与自然融合的秀美土地。与日内瓦、伦敦、香港、新加坡、波士顿等世界知名湖滨城市一样，拥有得天独厚的景观资源和自然禀赋。但是，通过前期调研和现状分析发现，下关城区建设缺乏有效的控制和引导，呈现出空间混乱、特色退化的趋势。

本次规划设计的主要任务，就是根据经济发展基础及得天独厚的自然资源，在保护和发展中找平衡点，使"文化大理"与"经济大理"有机对接。

规划范围包括泰安路、建设路和西洱河沿线区域及重要节点区域，约4km²。为了增加系统性和完整性，将研究范围扩大到9km²。在"蝴蝶"的引导下，围绕六大核心议题进行城市设计和规划控制。

二、背景分析

1. 战略层面

把云南建设作为中国面向西南开放的"桥头堡"，是中国发展的一项重要战略，也是云南发展的重大机遇。大理作为省域城镇体系发展极核之一，是省域区域性一级枢纽城市、省域发展主轴上重要节点城市、滇西城镇群的中心城市、国际枢纽城市，由其构建产业集聚与辐射面较大的城市经济圈，将带动整个区域经济发展。

2. 经济层面

昆仰经济走廊是以昆明、仰光两个大城市为依托，以保山—楚雄—大理—瑞丽—缅甸腊戍等沿线中小城市为节点，辐射丽江、怒江和临沧的中缅跨国经济走廊，是大湄公河次区域拟大力建设的"三纵两横"经济走廊之一。大理市作为该走廊的节点城市，将随着大湄公河次区域合作的深入全面开展而获得发展先机。

3. 资源层面

大理市山与水交相辉映，湖泊与陆地共生，城市与自然融合，为国家级自然保护区、风景名胜区和地质公园，谓之"三顶贵冠"，优势明显，自然资源得天独厚。加强大理旅游业打造及风貌整治，加强与"旅游东盟"的共赢联系，将是推动大理、云南乃至中国旅游产业发展的重要机遇。

4. 共性探索

下关城背山面水，风景秀美，从城市空间格局上与日内瓦这一世界知名湖滨城市十分相似。下关城作为大理的核心承载区域，拥有浓郁佛教文化和白族风情。但是，有两个缺点：①缺乏城市标识；②滨水空间塑造缺乏城市主题。因此，未来规划将克服这两大缺点，打造一个别具风情的"东方日内瓦"。

三、概念构想

1. 规划愿景

通过演绎一条大理梦幻魅力的多彩西洱河，定义两条下关城市性格的重要道路，打造令人向往的世界级旅游城市滨水核心区。

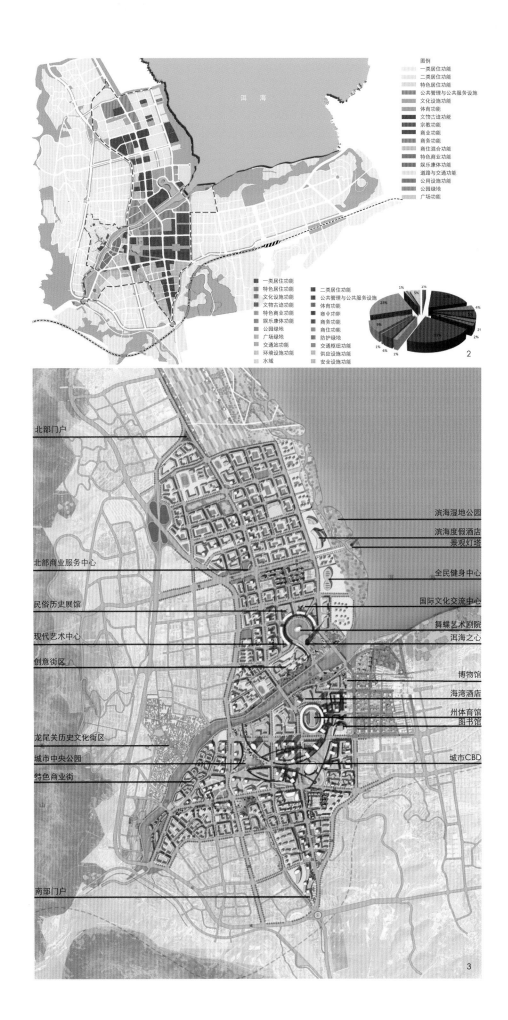

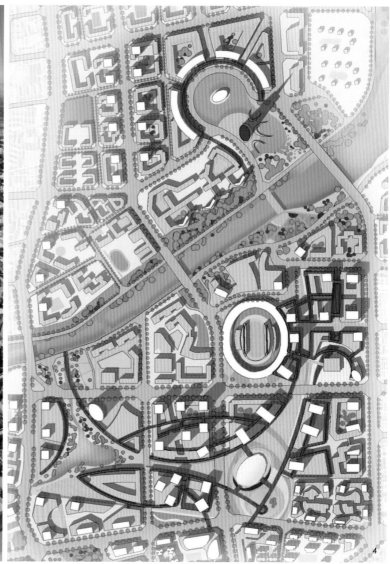

4.核心区设计图
5.创新要素注入图
6.秉赋要素提取图
7.城市设计功能分析

2. 功能定位

随着桥头堡战略的不断实施，大理逐步成为国际知名城市，规划区作为大理城市的核心区域，承载着城市商务办公、金融贸易、文化交流、教育研发、体育健身、休闲娱乐、高尚居住等现代城市功能。

3. 蝴蝶概念

从大理城市整体来看，下关城区犹如一只张开翅膀的蝴蝶，面向洱海，展翅欲飞。从历史的发展来看，下关城市建设从坝区时代到西洱河时代，最后到洱海时代，犹如破茧成蝶的华丽转变。规划通过历史、文化、滨水、自然等禀赋要素的提取，注入滨水RBD、绿色CBD、门户形象等创意要素，由规划进行系统整合，最终构成完整系统的"蝴蝶概念"。

4. 城市设计

下关城区滨河空间价值辐射力受限，滨水高价值城市空间被占据，滨河可更新利用空间少，泰安路建设路沿线城市更新项目散乱，城市空间整体协调性差，城市公共资源独立分散，不利于城市公共服务水平的提升。规划通过空间价值提升、城市更新统筹、公共资源整合等手段，拓展价值区段、优化空间界面；延续城市商脉、整合功能、提升业态；融合优化资源，形成公共走廊。

四、核心议题

1. 综合统筹，协调发展

（1）对接相关规划

通过区域的视角整体考量，与大理市总规、控规及城市形象专题研究等规划积极对接，使得规划能更好地带动城市整体更新，促进城市协调发展。

（2）区域交通整合

构建区域交通核心枢纽，加强与外部的快速交通联系。通过完善的交通网络、提高支路密度、控制街区尺度、引导公共交通，建立完善系统的综合交通体系。

2. 功能优化 结构整合

（1）梳理土地，强化结构

现状土地功能布局散乱，商业形式落后，公共空间缺乏，规划对其进行梳理和强化，形成"一廊、两轴、两心、九区"的功能结构。

（2）功能聚合，筑造核心

将原有城市公共职能进行整合，形成集聚放大效应。在西洱河两岸城市核心价值地区打造西洱河滨RBD和城市绿色CBD两大核心区域。

（3）构建公共空间体系，有机整合公共资源。

建立七彩斑斓的公共空间体系，形成一条蓝色滨河休闲文化走廊，一条绿色公园城市漫步大道，沙河、西洱河两条景观带，两个核心公共开敞空间，两条个性突出的城市道路，3个城市主题公园及4条景观通廊。

（4）突出节点，打造门户

规划在城市3个主要入口设计门户区，以体现城市风貌和形象。北门户充分整合三角形绿地与东侧田园风光带等资源，通过大地景观设计，形成以"七彩蝴蝶，梦幻大理"为主题的门户节点。西门户充分挖掘天桥的魅力传说，结合滨河景观改造，形成文化节点区域。南门户借助标志性建筑强化节点形象，通过建筑界面设计增强入口导向性。对青光山进行生态修复及景观设计，展示门户形象。

（5）完善公共设施布局，强化文旅基础设施

整合全民健身中心、海湾酒店、州体育馆等现有资源，根据城市整体需要，结合RBD、CBD两大核心布局民俗历史展馆、国际交流中心、艺术剧院等系列旅游文化基础设施。

3. 特色街道营造

（1）街道个性定义

泰安路定义为：活力四射的下关中轴。建设路定义为：城市生长的历史墨迹。以此为依据划分特色路段。

（2）街道断面优化

规划根据街道与交通、功能、环境及建筑协调匹配关系，主要提出商业型、生活型和交通型三种断面比例形式，对泰安路和建设路断面形式进行分类分段改造设计。

（3）街道环境提升

规划从绿化栽植、城市家具、街道铺装三方面提升街道环境。

（4）街道空间塑造

规划从街道尺度、街道界面控制、街廊等方面塑造竖向立体街道空间，营造适合的空间环境。对建筑体量风格材质色彩等也进行了控制指引。

4. 多彩滨水重塑

（1）价值潜力挖掘

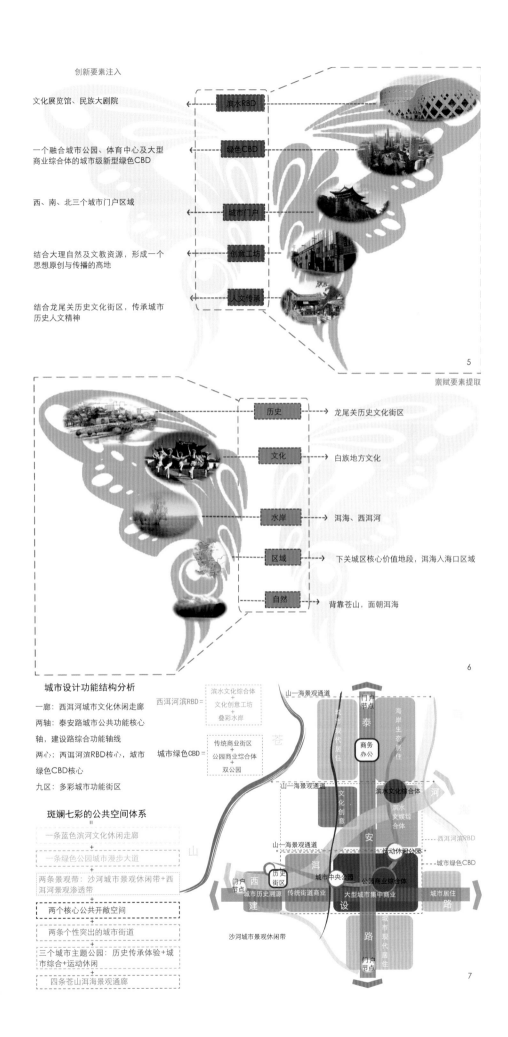

创新要素注入

文化展览馆、民族大剧院 ← 滨水RBD

一个融合城市公园、体育中心及大型商业综合体的城市级新型绿色CBD ← 绿色CBD

西、南、北三个城市门户区域 ← 城市门户

结合大理自然及文教资源，形成一个思想原创与传播的高地 ← 创意工坊

结合龙尾关历史文化街区，传承城市历史人文精神 ← 人文传承

5

禀赋要素提取

历史 → 龙尾关历史文化街区

文化 → 白族地方文化

水岸 → 洱海、西洱河

区域 → 下关城区核心价值地段，洱海入海口区域

自然 → 背靠苍山，面朝洱海

6

城市设计功能结构分析

一廊：西洱河城市文化休闲走廊

两轴：泰安路城市公共功能核心轴，建设路综合功能轴线

两心：西洱河滨RBD核心，城市绿色CBD核心

九区：多彩城市功能街区

西洱河滨RBD = 滨水文化综合体 + 文化创意工坊 + 叠彩水岸

城市绿色CBD = 传统商业街区 + 公园商业综合体 + 双公园

斑斓七彩的公共空间体系

一条蓝色滨河文化休闲走廊
+
一条绿色公园城市漫步大道
+
两条景观带：沙河城市景观休闲带 + 西洱河景观渗透带
+
两个核心公共开敞空间
+
两条个性突出的城市街道
+
三个城市主题公园：历史传承体验 + 城市综合 + 运动休闲
+
四条苍山洱海景观通廊

7

095

蝴蝶的右翼之斑——风暴眼
下关风之眼、财富之眼

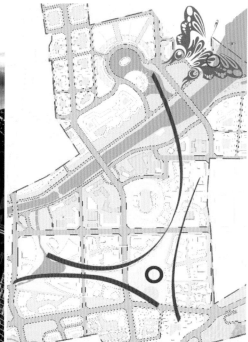

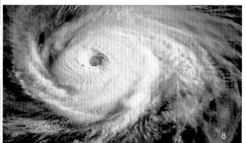

提出增强滨水公共属性和扩展滨水价值区段的思路，实现对滨水空间的合理化和最大化利用。

（2）功能主题策划

打造滨水文化综合体、地标建筑、艺术北岸、文化南岸、创智工坊、历史街区等主题区域，并策划滨水建筑创作实践、传统文化传承学院等主题活动，宣传和打造城市品牌。

（3）滨水驳岸设计

分期分区域西洱河两岸30~80m范围内进行断面改造，使西洱河岸真正成为市民和游客无限感受和遐想大理风花雪月的最佳场所。

（4）滨水岸线控制

提出多层次多维度的复合引导控制体系，以保证西洱河珍贵滨水空间得到最优的使用。

5. 绿地公园设计

针对绿地不成系统、开放性不足及缺乏多样性的问题。规划提出：

（1）构建有机绿地系统

将绿地资源集中化及系统化，增强绿地的开放性与可达性，进行多样性与个性化设计。

（2）组织时空漫步通道

城市CBD区域形成多维度多形式的步行系统，串联城市中央公园、购物广场、商业步行街及体育公园，形成立体化多层次的时空漫步通道。结合城市滨水空间及城市绿廊，植入休闲游憩设施，形成城市林荫步道系统。

（3）打造缤纷主题公园

连通西洱河和沙河水系，在州艺术馆地块形成城市中央公园。结合体育馆改造，形成运动主题公园。通过主题公园的打造，在带动城市土地升值的同时，更好地塑造城市空间。

（4）绿色基础设施先行

规划还强调在城市更新改造中绿色基础设施先行的重要性。

6. 城市空间引导

规划根据整体空间构想，提出6大开发强度分区

及7个层次的建筑高度控制，强调对滨水及城市轴线区域的土地经营和空间打造。规划对苍山洱海通廊、滨河视廊及空间比例尺度进行控制，结合地标建筑和城市节点的打造，形成与城市山水背景相协调的具有高度辨识性和个性的天际线。

五、核心区设计

规划对城市核心区提出进一步设想。结合城市中央公园及体育公园打开空间廊道，形成连续的临街界面和宜人的空间尺度。结合大关邑城中村改造，营造独立内水空间，同时打开面海空间视廊，打造地标性建筑，突出入海口景观。规划由外围疏导主要车流，内部形成联系。建立便捷安全的步行系统。结合地下停车场设计，构建立体静态交通系统。

1. 蝴蝶的右翼之斑——风暴之眼

也被称为下关风之眼和财富之眼。规划以一体化风暴扩散的设计思路，通过对泰安路及建设路交

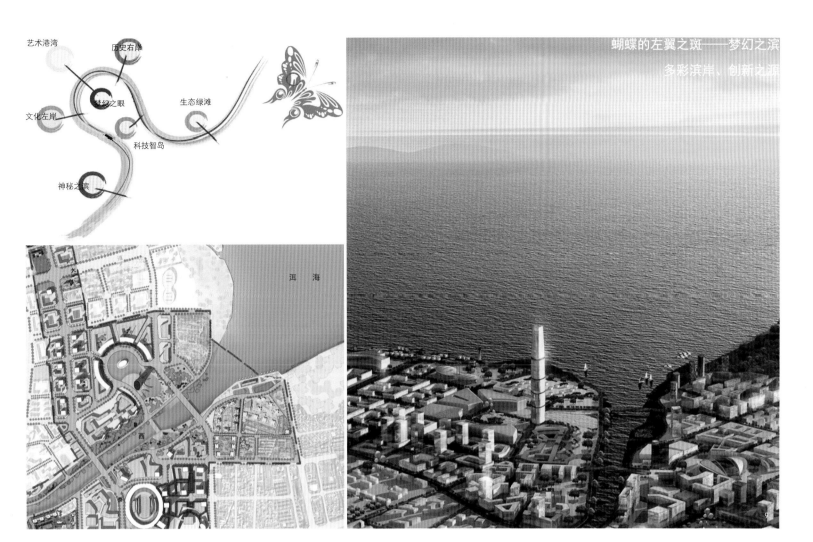

汇处各个地块进行功能和空间整合，建立气势恢宏的中央立体开放空间，打造全国首屈一指的标志性场所。

金融中心的公共场所。借助绿玉公园和群艺馆等项目改造建设的契机，打造城市中央公园，并在城市CBD内部形成一条现代商业步行街，打造公共景观核，建立大理城市新地标。

立体城。结合现有地下空间，打造网络立体城，组织立体交通系统，突出风暴核心亮点。采用立体发展、环境优化的方式进行功能布局的组织，突出立体开发的组织特色。

2. 蝴蝶的左翼之斑——梦幻之滨

大理文化的时空节点。通过拼贴缝合大理古今文化，透过国际文化交流中心、民俗历史展馆、现代艺术中心及艺术剧院的建设，成为大理文化的时空节点。

（1）梦幻之眼

规划在内水湾建设舞蝶艺术剧院，以水下交通作为主要出入路径，形成大理州独具特色的艺术中心，增添梦幻色彩。

（2）城市名片打造

打造大理地标性建筑，临海而起形成从海东远眺的山水城凸显的天际界面。

（3）风情坊营造

规划沿西洱河畔营造一个饱含各国文化风情的酒吧特色区。

六、行动计划

规划对设计范围内土地更新进行分类指引，重点提出"以点带线，以线促面"的城市更新思路，以重点项目来带动泰安路、建设路及西洱河沿线改造提升，再向纵深挖掘，同时加强对重点项目的改造控制指引，全面提升城市品质和形象。

参考文献

[1] 匡晓明，管娟. 理想空间：城市设计与策划[J]. 上海：同济大学出版社，2012.

[2] 张海兰，刘斯捷，苏功洲. 理想空间：滨水区规划与工程设计[J]. 上海：同济大学出版社，2012.

作者简介

程　炼，云南省城乡规划设计研究院，规划二所，所长，高级工程师，国家注册规划师。

8.设计特征一风暴之眼
9.计特征之二梦幻之滨

文萃之链、东阳之脊
——"东阳市迎宾大道两侧城市设计"小记

Dongyang Wencui Chain, Ridge
—"Dongyang City Yingbin Avenue on both Sides of the City" Design Notes

管 娟
Guan Juan

[摘 要] 本文以东阳市迎宾大道两侧城市设计为例，来探讨如何通过地块设计、界面控制、产业研究，将"文萃之链、东阳之脊"落实到城市空间，以体现繁荣东阳、山水东阳、活力东阳、多彩东阳、畅通东阳。

[关键词] 设计手法；创新模式；城市空间

[Abstract] This paper takes Dongyang City Yingbin Avenue on both sides of the city as an example, to explore how to plot design, interface control, industry research, "the implementation of the Dongyang chain, Wencui ridge" to the city space, in order to reflect the prosperity of Dongyang, Dongyang, Dongyang, colorful landscape vitality of Dongyang, Dongyang open.

[Keywords] Design Technique; Innovation Model; Urban Space

[文章编号] 2016-75-P-098

1.总平面

每个城市都有一道脊，支撑城市发展与延续。东阳市迎宾大道，北接甬金高速，南通横店影视城，东链东部新区，西联江北新城与老城区，肩负东阳之脊使命，集中展示城市功能与形象、文化与环境。

一、项目概况

1. 东阳门户

东阳地处"杭州—温州"与"金花—宁波"两大交通的交汇点及金衢地区的主要出海通道上，手工艺、建筑、影视是东阳发展的三大名片。处于浙中城市群东北面的门户地区，接受上海的经济辐射，以及浙江经济发展带的带动。同时与义乌已形成无缝对接，联动发展。

规划基地位于东阳城市的中心位置，是从甬金高速进入东阳的门户地区，联系着东阳市老城区和未来的新城区，是未来城市的新发展轴线，向南直达横店，是未来城市通达南北，联络东西的重要地带。

2. 用地现状

规划范围内总用地215.3hm²，南北长约7km，用地以村庄建设用地、工业用地、农林及其他用地为主。基地整体形态南北狭长，散点分布于迎宾大道两侧，东阳江从基地中部东西向穿过，将基地分为南北两部分。整体用地布局零散，有待整体规划整合。

3. 规划层次

本次规划对现状进行充分梳理，"化零为整、分级把控、协调考虑"。

(1) 设计层面

在原有设计范围的基础上，将一些已有选址尚未规划，或者仍在规划中的地块纳入范围内统筹规划设计，提出设计方案与思路，使其与本次设计地块形成一个项目呼应的整体。

(2) 控制引导层面

将道路两侧的现状建筑，提出改造意见与调整建议。对现有安置区沿街立面提出"点线"结合控制整改意见。在东阳传统民居研究的基础上，通过模型分析，对沿街立面的"线"性景观提出切实可行的改造意见；并对局部需要强化的"点"进行放大改建。希望借此对迎宾大道两侧的景观进行整体把控。

(3) 研究层面

不拘泥于沿街地块，将研究范围延伸到两侧地块，强化迎宾大道的产业功能布局研究，统筹这个片区，协同发展。

4. 问题解析

在整体背景研究的基础上，结合对项目区位和现状条件的分析，我们抽解出项目需要深度关注的三大主要问题：功能、空间、形象。即：

(1) 如何打造城市中枢，提升东阳区域能级？

(2) 如何链接城市空间，缝合东阳两翼一体？

(3) 如何塑造城市形象，彰显东阳特色风貌？

二、定位与目标

1. 总体定位

通过整体判研，以提升东阳区域能级，打造东阳城市新焦点为目标，整合基地生态资源，依托东阳工业强市的产业优势，以东阳江生态资源及迎宾大道交通优势为基础，融入创新要素，通过对区域的整体判研，以提升东阳区域能级，打造东阳城市新焦点为目标，提出项目总体定位：文萃之链、东阳之脊。

文萃之链——是东阳的山水轴，文化轴，展示以木雕、建筑、影视为代表的地域文化，强化歌山画水的城市意境。

东阳之脊——是东阳的产业带、创智谷，聚集生产创智、生态休闲、生活消费三大服务职能，激励技术研发、文化创意。

2. 发展目标

未来，这里将成为浙中创新服务引领区，东阳东扩先导展示区、城市中枢功能景观廊。

三、功能与布局

1. 功能构成

规划主导功能为商务办公、文化娱乐、创意休闲；特性功能为教育培训、科技研发、康体疗养；配套功能为商业服务、酒店会展、居住生活。

2. 功能布局

整体布局形成一个发展主题、三大板块、十一大功能组团、十一个重点项目。

3. 空间策略

通过"塑轴、凝核、造绿、渗透"空间策略形成"文萃之链、东阳之脊"的发展主题。

4.三大板块

（1）北段：产业高地——商务办公研发片区

东阳之脊产业带要素的集中体现，产业提升和创新，强调东阳地方传统工艺与商务园区的融合，成为东阳现代服务业经济增长范式。

功能组团划分为商贸展示、总部办公、教育培训、生活居住。树叶型覆土建筑——东阳精品商贸城、歌山广场形成北入口生态门户形象，庭院式中国木雕技术学校整合东阳木雕技术研发资源、提升东阳木雕产业。建筑业总部经济园以生态建筑、山水建筑体现未来建筑业的发展趋势，总部基地内形成活水公园，将建筑与环境融为一体。结合长途客运站、公交总站配套发展快捷酒店。

标志性建筑——筑道建筑业总部大厦以树根为造型，结合筑道广场形成北段中心。

（2）中段：都市绿心——文化娱乐活力片区

是文萃之链文化轴、山水廊要素的集中体现，该段将打造成东阳集聚山水风光于一体的特色休闲区。强调山水环境与休闲文化的融合，重视环境和健康，崇尚可持续发展的休闲方式。

功能组团划分为滨水服务、体育休闲、生活居住。

秀水广场、古生物文化岛、体育中心及花园式酒店形成复合多元的文化核心。根雕造型的滨水酒店立面融合木雕与编织文化，形成网状肌理，与古生物文化馆南北呼应。

（3）南段：创智高地——创意休闲时尚片区

东阳之脊创新谷要素的集中体现，该段将打造成为东阳乃至浙中创意休闲综合功能中心、城市南部门户和城市名片。结合轨道交通，对接在建的体育中心，导入商业服务、创意办公、文化展示、商务会展等功能，成为吸引人、留住人的城市新核心。

功能组团划分为创意文化、商务服

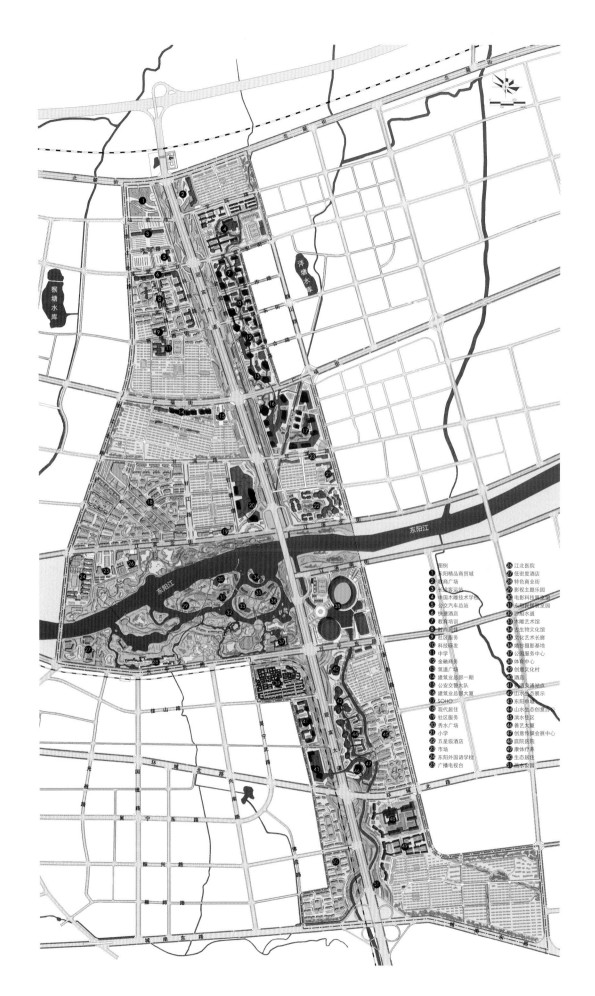

图例
1 东阳精品商贸城
2 歌山广场
3 长途客运站
4 中国木雕技术学院
5 公交汽车总站
6 快捷酒店
7 教育培训
8 村前培训
9 社区艺术长廊
10 科技研发
11 中学
12 金融商务
13 筑道广场
14 建筑业总部一期
15 公安交警大队
16 建筑业总部大厦
17 SOHO
18 现代居住
19 社区服务
20 秀水广场
21 小学
22 五星级酒店
23 市场
24 东阳外国语学校
25 广播电视台

26 江北医院
27 低密度酒店
28 特色商业街
29 影视主题乐园
30 电影科技展园
31 东阳民间收藏园
32 游船水道
33 木雕艺术馆
34 古生物文化馆
35 文化艺术长廊
36 婚纱摄影基地
37 公馆服务中心
38 体育中心
39 创意文化村
40 轨道交通站点
41 山水生态展示
42 东阳中心
43 山水生态创意办公
44 滨水住区
45 善艺大厦
46 创意传媒会展中心
47 庭院酒店
48 康体疗养
49 生态居住
50 活水公园

东阳江

东阳江

斜塘水库

洋埠水库

099

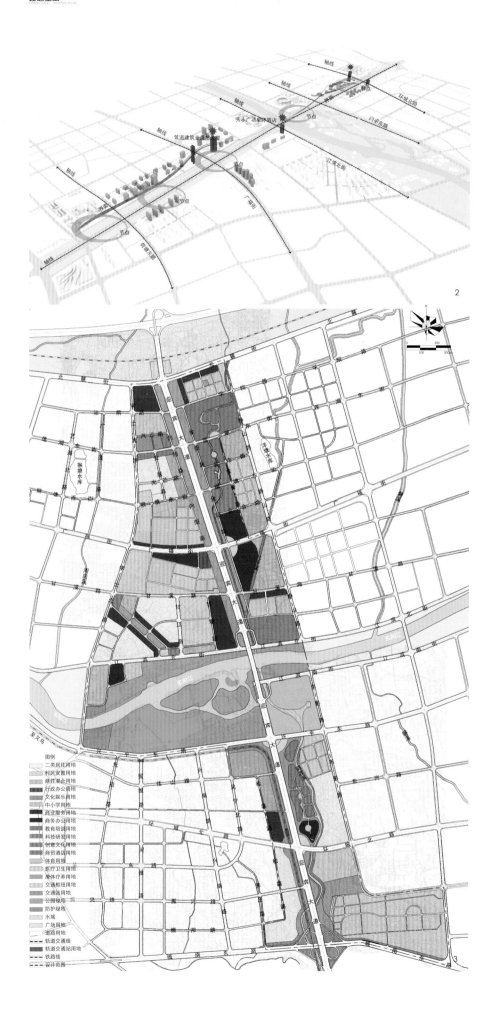

务、康体疗养、生活居住。

善艺大厦、创意传媒会展中心、通过波浪形的天桥链接东阳中城轨道交通综合体构成片区核心，形成富有趣味、创意和艺术气息的休闲时尚空间。周边通过建筑跌落、水体植入形成山水生态创意园、创意文化村、园林式医院。画水公园以根须为型，展现南部入城门户形象——艺术之都的魅力。

四、理念与特征

规划提出将五大设计理念融入五大设计特征之中。

1. 协同发展——产业支撑，繁荣东阳

从东阳市功能整体布局来考量迎宾大道两侧功能业态差异化、集中化地构建木雕、建筑、影视三张城市名片。

通过对周边地块现状的充分研究，将穿插的设计地块功能与周边充分联系，整合原本琐碎的城市空间，形成统一的城市面貌与道路功能带。

2. 生态人文——文化引领，山水东阳

将山水元素作为本次城市空间设计的组织要素，充分利用基地水系，依托不同特色的水体，组织相应功能的活动，结合不同水体氛围，设计不同尺度、体量、特色的建筑群落。

通过迎宾大道沿线的缓丘疏林草地，树形建筑纹理、覆土建筑，"多首层"建筑设计、地块内部水系景观，传承歌山画水的城市意境。同时，将节能减排、低碳技术应用到核心地段建筑设计当中，成为东阳生态、节能建筑的示范区与展示区，引领东阳建筑业的提升。

传承与发扬城市文化。基地北段展现东阳建筑、木雕等都市传统产业文化；中段发扬生态娱乐、运动休闲文化，南段突出东阳养生、创意及影视时尚文化，对比统一。

策划城市大事件。依托中国木雕技术学校举办木雕文化节、建筑业总部基地举办建筑工艺展销会、创意传媒会展中心举办影视创意文化节。

3. 多元复合——时尚创新，活力东阳

错层聚焦，构建多元功能复合模式。结合长途客运站发展商贸综合；依托建筑业总部基地，发展总部经济带；围绕古生物文化园、在建体育中心，对现状民居进行改造，赋予创意文化内涵，同时发展滨水商业综合体、商务酒店；结合轨道交通站点发展轨道交通综合体。形成多业态复合具有24h活力的城市区域。

引入中国木雕技术学校创新教育培训，结合总部基地建设，实现集教育培训、科技研发、商务办公于一体。引入山水生态创意园，创新文化创意，实现集商务、休闲、办公、会议展示于一体的文化综合体。不同功能的聚合形成富有活力的城市区域。

4. 共享互动——空间融汇，多彩东阳

整体布局突出强调绿化与公共景观空间格局，地块之间结合水系，塑造景观，形成生态、连续的绿色廊带，实现绿色交流空间的共享与互动。

设计通过建筑高度、建筑风格、建筑功能的控制，希望能够带给行人一个丰富多样、有时空变幻感受的步行体验。基地入口南北两侧构建绿色、低密度特征的建筑群，取代直接进入高楼林立钢铁都市的生硬感，给人以生态、地域特色的城市第一印象；筑造建筑业总部大厦建筑群、善艺大厦建筑群，渐进式进入视野范围，给人带来震撼的视觉冲击。

5. 安全共生——交通优化，畅通东阳

规划充分考虑迎宾大道交通与生活的二元属性。增加支路与辅路，减少东西不必要的道路联系，增加跨桥匝道，保证车行畅通。

以人为本，建立人行天桥，设立过街安全岛，

红绿灯管制，通过架空连廊，构建多层次多角度的步行节点、立体化全方位地了解城市。

轨道交通站点选址考虑到服务的均好性、外部正效应的最大化，设置P＋R模式，倡导低碳交通出行。

挖潜增效，立体交通与静态交通相结合，创新停车模式——将一站式停车模式与截留式停车相结合。

两侧城市空间考虑车行与人行的景观感受，根据设计车速的变化，确定标志性建筑物的间距及高度，辅道建筑界面从人行角度考虑，通过建筑物的分段，化大街坊为小街坊，增加步行景观变化。

五、规划实施

1. 控制引导

本次规划通过开发强度、高度控制、绿化环境、开放空间、空间尺度、空间界面、风貌特色进行控制和引导，为城市空间形象管理提供科学的设计指引。

2. 分期建设

规划建议基地分三期进行开发。一期建设北部东阳精品商贸城、建筑业总部基地，中部古生物文化园，南部画水公园，快速形成门户形象。二期依托一

期筹建中国木雕技术学校、启动秀水广场、园林式医院的建设。三期依托轨道交通建设商业综合体、山水生态创意园，优化内部环境，整治现状建筑，建设创意文化村，提升沿线整体形象。

六、结尾

歌山画水、雕城刻新，东阳之脊、世界之焦。规划整合既有功能、集聚创新产业、强化山水形象，又融合地域文化。以东阳人精工善艺的精神雕琢迎宾大道形象，刻画创新功能，打造文化绿廊，城市脊梁，让世界聚焦东阳。

作者简介

管 娟，上海同济城市规划设计研究院，副主任规划师，高级工程师。

工业遗产型历史城区城市设计实践
——黄石铁山区中心区城市设计

Urban Design Practice of Industrial Heritage Historic District
—The Urban Design of Center District in Tieshan, Huangshi

李洪斌 杨箐丛 霍子文 李乔琳
Li Hongbin Yang Qingcong Huo Ziwen Li Qiaolin

[摘　要]　铁山老城拥有光辉的矿冶文化记忆，拥有世界第一高陡边坡、世界首座铁矿博物馆、世界首家铁矿国家矿山公园、中国最早用机器开采的大型露天铁矿，也是毛主席生平视察过的唯一一座铁矿山。城市设计凸显铁山"千年炉火，涅槃重生，传奇复兴"的发展历程，将老城深厚的历史文化底蕴与山城格局相结合，重唤老城人文魅力，将其打造成宜居、宜业、宜游的幸福之地。

[关键词]　历史城区；工业遗产；城市设计策略

[Abstract]　The city of Tieshan has a glorious cultural memory. There is the world's highest and steepest slope,the world's first iron ore museumand iron mine park, the earliest large open pit which used machine mining in china, also the only iron mine visited by Chairman Mao. The urban design highlights the development process of"The millennium, Nirvana rebirth, revival legend" in Tieshan, combines the historical and cultural heritage and the mountain city, revivesthe old city cultural charm. The historic districtwill be built into a placewhich ishabitable, suitable for employment and tourism.

[Keywords]　Historic District; Industrial Heritage; Urban Design Strategy

[文章编号]　2016-75-P-102

1.开敞空间与景观分区图
2.视线通廊与标志建筑布局图
3.道路系统规划图

一、背景介绍

铁山，一座薪火相传，永不止步的矿冶名城。"孙权筑炉炼兵器、岳飞锻铁铸刀剑。"自秦汉以来，铁山炉火绵延已有一千七百多年历史。清朝末年，湖广总督张之洞在这里开辟了中国第一座大型露天铁矿——大冶铁矿，自此，铁山成为亚洲近代钢铁工业的发展原点。然而，随着矿产资源的枯竭和区域发展环境的转变，老城发展式微。铁山亟待走出一条转型复兴之路，重焕昔日光彩。

"十三五"期间，铁山区将抢抓全国独立工矿区、湖北中部崛起战略、全省工矿废弃地综合开发试验区、黄石市资源枯竭型城市转型试点等发展机遇，依托资源积累，超越资源发展，围绕"建设旅游名区、打造世界铁城"的总体思路，立足中心区工业遗产资源打造"世界铁文化旅游区"的名片。

《黄石历史文化名城保护规划》将3.2km²的铁山城区列为历史城区。如何在本已密集的历史城区合理利用工业遗产、重新激发历史城区活力成为本次城市设计的关键。

二、总体分析

铁山老城拥有光辉的矿冶文化记忆，既有世界第一高陡边坡——矿冶大峡谷，世界首座铁矿博物馆——大冶铁矿博物馆，世界首家铁矿国家矿山公园，亚洲第一硬岩复垦基地，中国最早用机器开采的大型露天铁矿，也是毛主席生平视察过的唯一一座铁矿山。

作为黄石悠久矿冶历史的重要见证，铁山历史城区展现了"矿山—厂区—城镇"的发展格局，是黄石工矿城市发展的缩影，工业生产与生活功能融合的原始细胞单元，是以冶炼工业发展为动力的近现代工矿城市格局典范。

通过详尽的现场踏勘和地理信息系统分析等技术手段，本次设计从地形地貌、土地利用、历史遗存、开敞空间、道路交通、景观风貌等多个角度对基地进行了系统的现状分析，深入地挖掘了铁山城区历史和景观资源，剖析了城市空间发展面临的主要问题。

随着"武鄂黄黄"区域协作的不断加强，以及黄石向西对接区域发展战略的提出，铁山将成为

引领黄石产业西翼腾飞的桥头堡地区。同时，黄石"生态立市、产业强市"发展目标的提出，赋予了铁山探索引领城市转型发展的重大使命。

面对铁山发展的诸多困惑，本次规划设计重点关注以下4大问题：

如何为日渐式微的铁山老城注入新的活力？如何实现由工矿小城向综合城区的蜕变？如何展现铁山工业文化独特的品牌价值？如何整合老城空间格局，重塑铁山城市特色？

三、"凤飞铁山，铁城复兴"的设计理念

承载着铁山城市复兴的未来之梦，立足生态、景观和人文资源，规划提出"凤飞铁山，铁城复兴"的设计理念，为铁山历史城区构想了一个魅力繁荣，宜居乐游，特色鲜明的未来。

规划基于"凤凰涅槃"的典故，凸显铁山"千年炉火，涅槃重生，传奇复兴"的发展历程。将凤凰的形态融入城市发展的空间脉络中，将老城深厚的历史文化底蕴与山城格局相结合，重唤老城人文魅力，

将其打造成宜居，宜业，宜游的幸福之地。

结合这一理念，我们提出4大空间设计策略。

1. 转型驱动，布局优化

强化产业替代与复合转型，从资源导向转变为市场导向；厂矿片区引入以矿冶文化为主题的特色旅游，城区中心完善商业、休闲、旅游配套等服务设施。通过混合多元用地布局，提升空间利用效率。

2. 城中见山，古中有今

串联镶嵌在城区内部的四大山体，形成富有活力的健康绿带；梳理城市发展的历史脉络，提炼老城传统建筑特色符号，融入城市更新改造建设，塑造"城中见山、古中有今"的城市风貌。

3. 客货分流，绿色便捷

引导城市内外交通客货分流，合理组织厂矿区内旅游线路，保障工业生产与旅游活动互不干扰；构建由电瓶车径、单车径、慢跑径、登山径等组成的城市内部慢行系统。

4. 多元设施，乐活慢城

通过多元城市职能的发展提供就业机会，集聚人气；梳理城市生态要素与开敞空间体系，营造生态宜人的居住环境，完善旅游体系与配套设施，强化丰富多彩的旅游体验。

四、激发历史城区活力的设计方案

基于"凤飞铁山，铁城复兴"的发展理念，设计方案融合了5大特色。

1. 山城相映的总体空间架构

本次城市设计形成"轴带相连、环路聚核、五区环抱"的总体空间架构。

轴带相连——延伸兴冶路至张之洞广场的城市中心轴线，串联城区外围的矿山公园旅游带和城市内部的山体公园健康绿带，形成山城相映，多元活力的城市活动空间。

环路聚核——通过城市环路联系主要的公共服务设施。在城区中心围绕张之洞广场打造公共服务核，布局影剧院、图书馆、文体活动中心等大型城市公共建筑，结合中央绿轴、特色商业步行街打造铁山最具活力的服务中心。

五区环抱——在城市环路外围，打造5大特色宜居社区，结合开敞空间配置居住区公共服务设施，构

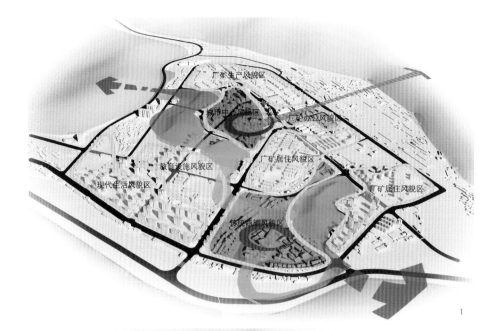

1

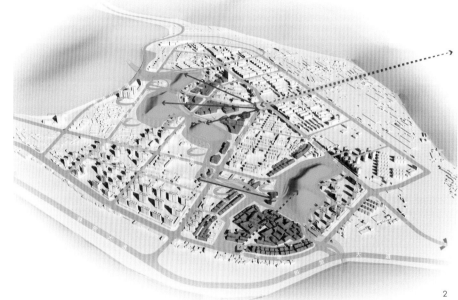

2

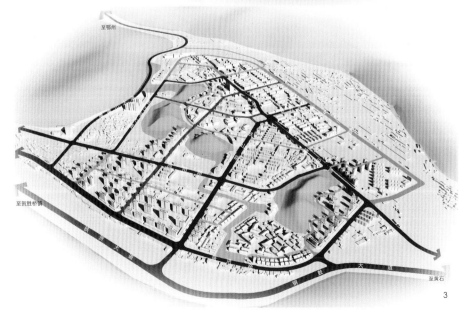

3

地块控制指标

地块面积	80 600m²
建筑容积率	2.45
建筑基地面积覆盖率	45%
最大建筑高度	40m
最小绿地覆盖率	35%
红线退界	7m

总平面图

用地性质

主要用地性质	商业设施用地
	文化设施用地
	居住用地
无条件兼容用地	公共绿地
有条件兼容用地	行政办公用地

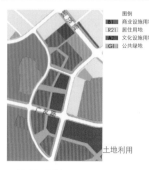

图例
B 商业设施用地
R21 居住用地
A2 文化设施用地
G1 公共绿地

土地利用

交通控制

地块内部应形成流畅又有趣的行进流线，导向主要的公共活动空间；避免将商业人流引入居住空间

图例
■ 主干道
■ 次干道
■ 支路
---- 主要步行线路
▲ 机动车出入口

交通导则

A地块城市设计导则

建筑布局控制

地块内建筑布局强调与周围山体的视线关系及围合空间的控制，注意相邻建筑群之间的和谐统一，保持建筑之间的连续性与协调性。

图例
■ 塔楼
■ 裙楼

建筑布局

开放空间控制

建筑组团与山体之间创造连续通透的绿化轴线，以形成良好的公共空间以加强归属和认同感，并形成建筑院落内部的庭院空间。

图例
■ 控制界面
■ 轴线

开放空间

景观环境控制

主要强调建筑与西部山体之间的景观通道。适当布置环境家具，提供户外交流场所与休闲设施。建筑院落内部打造小而精的庭院景观。

景观体系

建筑形象导引制

建筑体量应错落有致，互不遮掩；
建筑风貌延续基地传统特色；
不宜大面积使用明朗颜色。可局部采用；
对比色突出建筑特征。

4.地块城市设计导则示意
5.整体鸟瞰图
6.城市设计总平面图

公共服务组团
01 张之洞广场
02 影剧院
03 图书馆
04 体育中心
05 1000米会议中心
06 华岭山公园
07 华岭馆
08 社区服务
09 博览展览
10 博览展览
九龙公园

城北居住组团
01 铁矿博物馆
02 铁矿办公楼

文化商旅组团
01 铁艺坊
02 瑞家山公园
03 山居客舍
04 孔福石展示厅
05 石艺坊
06 民俗展厅
07 特色美食街

6

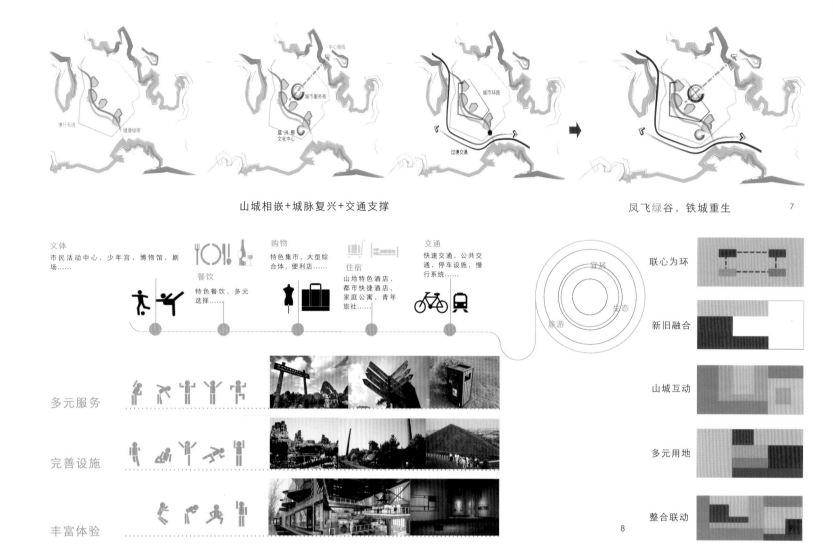

山城相嵌+城脉复兴+交通支撑 凤飞绿谷，铁城重生 7

筑社区级服务中心。

2. 绿色健康的开敞空间体系

构建由山体公园、林荫绿道、中央绿轴、社区绿地组成的多层次绿色开敞空间体系。城区由东向西串联瑜家山、鹿獐山、蔡家山等山体公园，结合多主题绿道系统打造铁山城市健康绿带。山体公园为市民提供登山远眺、亲近自然，休闲游憩的重要集散点。绿道系统依托山形地势，设置电瓶车径，单车径，慢跑径，登山径等慢行线路，将散布城区的人文历史景点、公共服务设施、开敞空间有机联通，并沿途设置观景台、绿道驿站、特色食肆和小型便利服务设施。

3. 特色鲜明的城市形态

结合地形特征整体考虑建筑高度分区和视线通廊控制，合理组织周边城市景观要素，根据不同的景观风貌控制区明确相应的城市设计控制要求。

强调城市天际线与山体空间序列协调，整体控制天际轮廓线、制高点及视线走廊，凸显铁山生态脉络，山城相嵌的自然格局。

旧城更新地区，强调保护与发展相结合，按照"整体把握，重点保护，分区控制"原则，提炼老城传统建筑特色符号，融入城市更新改造建设，指导旧城景观整治和城市新建建筑风貌。

4. 高效便捷的交通网络

规划城区形成"一环两横两纵"的道路结构，通过城市环路联系沿线公共服务设施及丰富的活动节点，为居民提供便捷舒适生活。

对接黄石主城BRT一号线，在盛洪卿历史街区入口广场设置站点，并与城市健康绿带衔接，构建无缝对接的游览线路系统。

通过多层次的慢行系统，完善的绿道体系，为居民提供愉悦的慢行环境。通过人性化的街区尺度，

营造精致紧凑的空间氛围。

5. 凸显魅力的城市场所

立足铁山丰富的矿产资源，将多样化的活动策划与城市特色设施相结合，为铁山提供集聚人气、凸显魅力的城市场所。

魅力铁山——将大型公共建筑与开敞空间有机结合，配置剧院、图书馆、活动中心、特色商业等设施，同时策划石艺工坊，铁艺公园，孔雀石展示厅等特色项目，打造充满魅力与活力的城市品牌。

舌尖上的黄石——在城区南部门户地段，结合盛洪卿历史街区打造特色食街，作为铁山民俗文化对外展示的重要窗口，鄂东民俗文化体验旅游的重要节点。

印象铁山——活化国家矿山公园，以天坑为背景策划印象铁山大型实景演出，浓缩铁山老城的城市内涵和山水情怀，通过便捷、丰富的矿冶文化主题旅游

线路，全方位展现铁山矿冶文化的真实与震撼。

五、结语

铁山中心区作为工矿城市的典型代表，在历经工业发展的辉煌时期后，面临着转型发展。城市设计从工矿发展的历史格局入手，将历史与自然有机结合，寻找在现状肌理为中高密度的历史城区中的设计策略。城市设计在开敞空间、城市形态、交通组织、活动策划等方面，提出了针对铁山历史城区的设计方案，通过以开敞空间和重要节点为核心的城市触媒，激活工业遗产型历史城区活力。

参考文献

[1] 广州市城市规划勘测设计研究院. 黄石历史文化名城保护规划[J]. 2012.

[2] 苏锐. 基于"城市触媒"的工业遗产更新策略研究——以绵阳朝阳厂工业遗产更新项目为例[J]. 重庆大学，2014.

[3] 罗彼德，简夏仪. 中国工业遗产与城市保护的融合[J]. 国际城市规划，2013（1）.

作者简介

李洪斌，广州市城市规划勘测设计研究院规划设计一所，所长，教授级高级工程师，注册城市规划师；

杨箐丛，广州市城市规划勘测设计研究院规划设计一所，工程师，注册城市规划师；

霍子文，广州市城市规划勘测设计研究院规划设计一所，工程师；

李乔琳，广州市城市规划勘测设计研究院规划设计一所，助理工程师。

7.城市设计架构推演图
8.设施配置示意图
9.多元整合示意图
10.功能优化示意图
11.旅游策划图
12.规划功能结构图

从公园改造至老墟复兴的实践路径
——以龙岗河龙园公园段概念设计为例

Practice Path from the Park to the Old Town Renewal Transformation
—A Case Study of the Conceptual Design of the Longgang River Park

刘 烨
Liu Ye

[摘　要]　通过《深圳市龙岗河龙园公园区段概念性详细规划》进行研究，以龙岗河龙园公园为例，在新常态和新发展目标下，反观区域发展，寻求老城发展瓶颈突破口。从解决水环境综合整治与公园景观功能优化出发，对城市空间、发展脉络、城市更新等问题进行整体梳理，系统性提出沿岸地区整体发展逻辑，并对老城区复兴的实施路径的可实施性和可操作性进行探索。

[关键词]　公园改造；老墟复兴；实施路径

[Abstract]　Takes example of Longgang River Dragon Park, under the new normal and new development goals, in contrast to the regional development, to seek a breakthrough in the development of the old city. From solving the comprehensive improvement of water environment and park landscape function optimization of, combing the city space and development context, urban renewal of the whole, system put forward the logic of the overall development of coastal areas and implementation of the path to the revival of the old city can implementation and operation can be conducted a exploration.

[Keywords]　Park Renovation; Old Xu Revival; Implementation Path
[文章编号]　2016-75-P-108

1.总平面图

一、引言

龙岗河是深圳五大河流之一，是龙岗区空间发展的绿色脊梁与功能轴线。在深圳"东进战略"的背景下，龙岗河将成为连通深圳与惠州的重要生态经济走廊。因此，迫切需要在龙岗河前期水环境综合整治成果的基础上，对龙岗河沿线城市空间发展进行整合梳理，系统性的提出全河段及沿岸地区整体发展逻辑。

龙园公园节点位于龙岗河中游，自1995年建设以来，发挥着极其重要的公共空间作用，地处龙岗河城市腹地建设区与深圳最大的客家聚集区。同时，周边存在大量城市更新单元。城市功能未来承担着集文化旅游、休闲体验、创意产业于一体的客家文化博览园及承载集体历史记忆的新客家文化地标。

本项目将从龙园公园改造出发，至整体龙岗老墟镇复兴全盘思考，目标将为龙岗河沿岸地区打造成为一个高品质、特色突出的城市名片，进而提升龙岗城区的综合实力。

二、背景条件

1. 龙岗老墟镇社区发展问题

（1）空间的边缘、曾经的兴盛

龙园位于龙岗街道老墟镇社区，是龙岗区历史最悠久的社区，早期便出现了以天虹商场、华特商业步行街等为代表的老一批商业模式，是孕育龙岗商业

的发源地之一。但很快便陷入了踏步不前的状态，造成这种结果的因素是多方面的：首先，龙岗中心城自建立以来，逐步成为龙岗区新的政治、经济、文化中心，从而取代传统的龙岗老墟镇商业中心地位；同时，老墟镇旧改成本较高，规划建设难度系数大等等因素一直都是困扰建设者的难题；加之深圳地铁轨道二期建设，仅有地铁3号线的终点站——双龙地铁站坐落此处，致使老墟镇从中心逐步变成边缘地带。

（2）杂乱肌理、空间封闭、人群多样性

即使老墟镇在龙岗区经济发展中受到了冲击，面对龙岗区450万庞大人口的整体区域消费拉力，老墟镇在其中仍扮演重要角色，主要购买力以老街原住居民和外来务工人员为主。

在时间的沉积中，老墟镇的建筑具有丰富的多样性：有200年历史的广东民居，有100年的侨民洋楼，也有30年的村民自建房。建筑肌理杂乱，空间相对封闭。范围内有田丰世居、鹤湖新居、榕树头、龙园公园、石桥头街、罗瑞合街、上街、下街、圩肚街等主要历史空间要素。其中，鹤湖新居是我国目前规模最大的客家民居建筑群，是深圳现存客家围中保存最完整、最具代表性的一座。龙园公园是我国唯一以龙文化为主题的园林式公园，并成功打造中国（深圳·龙园）观赏石交易基地和国际盆栽石交易基地。

龙岗老墟的主要街道，其中石桥头街是改革开放初期远近闻名的"时装街"，罗瑞合街从2013年开始成功举办台湾美食文化节。

2. 老墟镇的历史发展脉络

在诸多历史空间要素收集之下，整理了龙岗老墟镇的发展脉络。

（1）清初因迁海令迁入：公元1661年，龙岗客家人从粤东迁入，定居龙岗河两岸，形成刘氏的田丰世居、罗氏的鹤湖新居及其他古围屋。

（2）清嘉庆形成老墟：公元1816年，客家人在古榕树下进行农产品交换，至清朝嘉庆年间，龙岗老墟形成，榕树头则成为其地标。

（3）80年代龙岗中心：改革开放国门初开，老墟镇商业繁荣成为龙岗中心，时装街名噪一时，更有港籍商人修建碉楼。

（4）大量的城中村与工厂：新区成立中心转移，被边缘化，三来一补产业落地，形成高密度城中村和工业厂房。部分客家围屋被保留，历史文化利用和显现方式粗劣。

3. 推倒式城市更新的尴尬

深圳是中国最早由增量转向存量发展的城市，也是国内率先将城市更新规划纳入常态化城市规划管理体系的城市。随着深圳城市更新规划制度的不断完善，"城市更新单元规划"成为指导城市更新最为稳定、有效的主流规划工具。

本片区更新单元密集，老墟镇片区共被7个城市更新单元包围，以新生路及龙岗大道两侧为主，覆盖片区超1/2用地，且面临权益主体多、权属复杂、拆迁量大、更新难度高等问题。在这个拥有众多历史遗

迹且具有非凡活力的龙岗老墟,我们难免会担心以下几个问题。

（1）分散的城市更新项目难以传递片区的目标与策略,导致城市更新与地区总体发展步调不一致。居民的要求是保护他们的租金收益。房地产商追求的是利润最大化,增加容积率,加大密度,增加拆迁率等手段来提高容积率,或者降低拆迁成本,对生态环境和城市整体形象漠不关心。政府要把控零散的更新项目来实现整体片区的发展诉求,是非常有难度的。

（2）市场更新偏好与城市发展需求不符市场主导的城市更新逐利性强,项目选择偏好性明显,难以满足未来多元更新的需求。得到的将是千城一面的高强度开发模式,市场化后业态的同质化现象依然存在,难以持续发展。

（3）如果缺失城市更新手段的把控,仅仅用保

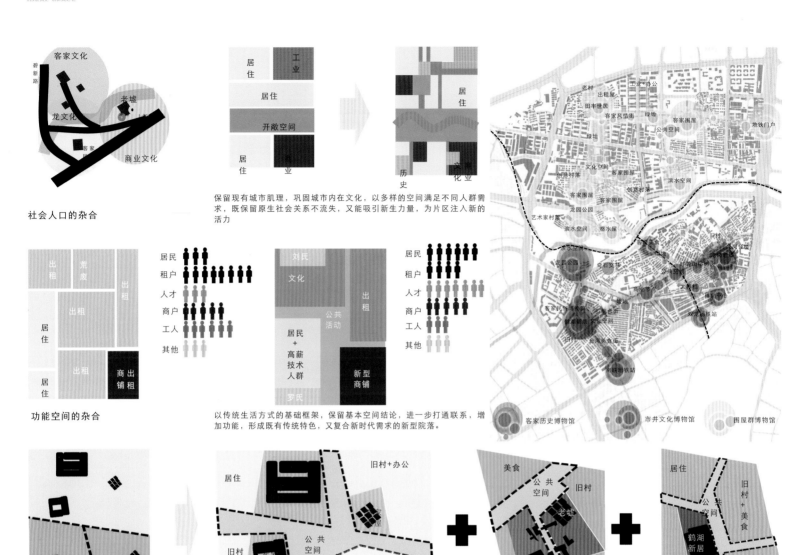

社会人口的杂合

保留现有城市肌理，巩固城市内在文化，以多样的空间满足不同人群需求，既保留原生社会关系不流失，又能吸引新生力量，为片区注入新的活力

功能空间的杂合

以传统生活方式的基础框架，保留基本空间结论，进一步打通联系，增加功能，形成既有传统特色，又复合新时代需求的新型院落。

护历史要素等视角审视片区，无视现实城市发展诉求，不进行换血、升级、更新，那么经济上必将持续拉大与周边地区的差距，致使历史实物建筑"丢失"的加剧。

（4）零散的城市更新未能系统解决社区综合发展问题。开发商主导的城市更新以小规模的项目型更新为主，各自为政，缺乏对社区开持续发展的考虑，社会经济、配套环境得不到有效改善。而且，城市更新推高了拆迁成本，导致后期建设越发困难。在开发商与政府的一次性兑价过程中，社区丧失了主导权，不利于集体股份公司的壮大及原住民的就业，集体及个人的可持续发展难以保证，同时缺乏整体城市公共空间的控制与历史文化空间要素的积极保护。

4. 龙园公园现状存在的问题

龙园公园开园之初为收费型公园，近几年才免

费开放，公园只有三个出入口。

（1）公园封闭不开放

由于公园围墙与周边民居的隔绝，公园较为封闭，可达性差，与周边城市空间联系不足。

（2）客家文化缺失

龙园公园是以龙文化为主题，内部景观主要围绕该主题展开，公园周边1km就有四座客家围屋。同时，公园内拥有省级不可移动文物——格水屋，在公园内并未体现客家文化，或与之联系。

（3）沿河缺乏亲水设施

龙园公园沿河景观单一，活动空间缺失，缺少亲水设施，两岸联系不足。

（4）水位变化较大

龙岗河一年内水位变化较大，水位最高时，龙园积水严重。

（5）河水污染问题依然存在

龙岗河已进行了一定程度的整治，但是河水污染问题仍然存在。2014年5月遭遇暴雨后龙岗河捞出20车垃圾。2015年5月暴雨后，河水乌黑，河面漂浮大量死鱼。

三、规划目标与发展计划

1. 上层次规划

根据《龙岗区综合发展规划大纲（2014—2030年）》提出的山环水润、产城融合战略，构建独具山水城市魅力的自然空间结构，塑造疏密有致、特色鲜明的城市空间形态，推动产城融合发展。进而提出龙岗组团发展战略：推动龙岗墟商业圈复兴、引导旧工业区转型、打造龙岗河城市景观带和客家文化展示走廊。龙岗区文化发展策略：龙园段作为龙岗河文化体验轴的中心，选择重要历史纪念地和代表龙岗人文特

镶嵌式更新:把新的零散的嵌入旧的之中,在总体上不破坏旧的风貌,但是局部进行了全新的更换。更新速度每十年15%

15%↑
每十年15%更新速度

30%↓
不超过30%的镶嵌已保留旧风貌

10%↓
改在建筑不超过街道界面宽10%

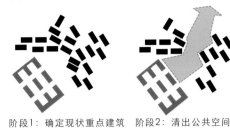

阶段1:确定现状重点建筑　　阶段2:清出公共空间　　阶段3:嵌入新建筑与功能

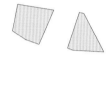

近期改造示范段引领片区升级

中期更新强化区打造片区新名片

远期结合城市更新完善廊道系统

⑦ :XS GX02
⑦ :XS GX02
⑥杨梅岗、榕水村改造
⑤教室新村城市更新片区
犁园村、梨园一村城市更新片区
⑦LP GX11
⑧石湖、上朴、萝卜坝片区城市更新
⑧老墟镇旧改

更新单元　近期实施　中期实施　远期实施

3

2.空间要素结构图
3.菜单式改造更新模式分期图

色的地区作为特色文化场域,与城市公共开放空间建立体验路径,形成城市历史、人文特色场所系统,深入扎根至社区特色文化单元。

2. 规划目标:从龙源寻龙园,从封闭到开放

(1)整合人文保护价值:从龙源寻龙园

方案扎根于基地现状、检讨相关规划,延伸了老墟城市肌理和龙园历史文化区的轴线,并且紧密联系了最重要的公共交通枢纽地铁3号线。形成轴向型公共空间系统和文化发展轴线。每一个区域都根据其特有的基地特征,历史和区域功能发展出了独特的城市空间及建筑形态,以此创造一个高度联通的城市网络和公共空间系统。

(2)打造公共开发空间:从封闭到开放

通过利用龙岗河、龙园、客家围屋、空间廊道相连,重新设计的阶梯式公共空间创造了一个充满阳光的,舒适愉悦且非常活跃的城市开敞空间。

(3)片区统筹发展计划:老墟复兴计划

规划从经济、历史、社会角度出发,改变以往政府包办的模式,延续老墟城市肌理和龙园历史文化轴线。强化引导的手段、回归城市发展的本源,以尊重和关爱的姿态,提出从龙园常绿,老墟复兴的老墟复兴计划。

四、规划策略

1. 策略一:统

此次项目建议以片区城市更新单元统筹的方式与地区层面城市更新综合发展规划的视角审视片区发展,形成片区统筹发展规划。

片区统筹发展规划不仅涉及城市更新项目,也包含部分新建项目,乃至部分具有土地历史遗留问题的项目。城市更新在其中的影响不仅局限于更新项目本身,更是盘活土地市场和撬动地区复兴的重要触媒。其中更包容城市更新中多元利益主体的诉求和博弈,也纳入对开发效益的评估以对接市场参更新发展的需求,同时还整合了包括国土计划、投与融资计划、环境影响评估、城市设计评估等等多种视角的专题规划研究,使城市更新规划超越一般意义的空间规划而成为整合了社会、经济、环境和空间问题的综合规划。其主要内涵为:

(1)规划目标的转变——从单一到多元,从空间到内涵

从追求权利主体的利益保障之外,业态的升级,环境品质的提升,进而发展为促进城市结构的调整和功能的更新;片区统筹规划探讨如何通过城市空间的更新触动人观念的变化与文化、历史的保存,进

而激发社区的复兴和社会的转型。

(2)规划管控的演化——从"自上而下"到"自下而上"再走向"上下结合"

片区统筹发展规划逐步为市场和社会打开了协调和博弈的空间,政府开始试图以公共系统为切入点将片段性的更新整合为结构性的区域更新。

(3)规划技术的扩展——从单纯空间管控扩展到利益博弈和政策整合

基于人的行为和城市运行管理的微观设计和工程技术得到重视,但另一方面又更需要空间、土地、投融资、社会学等多角度综合目标的整合能力。

(4)空间尺度的变化——从零散地块更新到区域综合更新

片区统筹综合规划将逐步取代分区规划的地位,而成为统筹指导全区规划管控的上位规划。城市更新对空间的塑造无法再集中于单极的发展空间,或是集中于对宏观尺度空间发展轴带的塑造,而转向更多从人的视角和城市微观运行的尺度着手,重塑人性空间的和改善日常生活体验;城市更新实施运作的平台也将主要以社区、园区等基层社会组织或者运行单元为基础搭建;大规模"拆建""构建"的空间设计手法也会逐步被"连接""缝合""弥补""穿插"这样一些更注重细节和尊重现状的设计方法所取代。

2. 策略二：寻

通过现状调研并访问当地老居民，从历史意义及心理情感等不同方面，在区域内挖掘寻找具有保护价值的历史建筑与历史街道，找寻龙岗之源。确定建筑及街道后，将其列为保护区域，在近期进行保护性修缮，还原其时代面貌，形成展现龙岗老墟历史风貌变迁的"时光博物馆式"街道。其中包括田丰世居、鹤湖新居、格水屋、榕树头及老墟、石桥头街、罗瑞合街、上街、下街、圩肚街。

3. 策略三：融

以客家围屋历史文化背景为基底，挖掘榕树头与老墟镇的兴衰历程，找寻龙岗之源，构建集聚各项城市功能，满足不同人群需求，形成独具历史底蕴的多功能城市片区。整理社会人口、功能空间的无序杂乱，使之成为城市秩序的融合。

社会人口的杂合：保留现有城市肌理，巩固城市内在文化，以多样的空间满足不同人群需求，既保持原生社会关系不流失，又能吸引新生力量，为片区注入新的活力。

功能空间的杂合：以传统生活方式的基础框架，保留基本空间结论，进一步打通联系，增加功能，形成既有传统特色，又复合新时代需求的新型院落。

4. 策略四：敞

首先，社区公共空间与城市绿网无缝衔接，构建多元化网状公共空间体系；其次，通过对客家历史建筑的维护与再利用，作为居民和旅游服务的多功能聚集点。

其次，利用宽敞的月池广场凸显客家文化的同时，可作为历史建筑的主要入口提供热情的、可渗透的公共空间。基于客家围屋现有的建筑特色，对周边建筑进行整合并增加多种功能。

最后，结合绿地，利用旧建筑创建公共中心。对片区内标志性树木（如榕树头）进行保留，拆除少量建筑腾挪出公共空间，增加各类街道家具，营造舒适宜人的场所。

5. 策略五：补

确定现状已有公共服务设施，以及有条件改造为服务设施的建筑。划出可用地范围，将其进行改善提高。

以龙园公园、田丰世居、鹤湖新居及老墟镇为服务中心，根据四大服务中心的不同类型确定需完善增补的配套设施，并为其选定建筑进行功能置换改造或预留用地。

以四大服务中心为核心，沿公共空间廊道向四周延伸，设置多个小型节点空间并配套相应设施，串联形成完整的公共服务配套系统。

6. 策略六：镶

以菜单式更新的模式，逐步对局部进行更新替换。

近期改造示范段引领片区升级：包含龙园公园、鹤湖新居、罗瑞合美食街及旧村四个部分。以整体保留为主，强化龙园公园与周边的关系，打通"南联地铁站—罗瑞合美食街—鹤湖新居客家博物馆—龙园公园"南北公共空间廊道，提升整个片区的历史氛围。

中期更新强化区打造片区新名片：以龙园公园改造范围内的旧村为更新对象，根据近期改造成果，若已形成活力点，则将旧村强化打造为艺术家村落；若旧村活力难以维系，则将村落整体拆除后，纳入龙园公园进行一体化建设，提升龙园品质。

远期结合城市更新完善廊道系统：远期公共空间廊道的建设结合城市更新进行。根据已有的更新单元划分责任段，确定不同区段公共空间类型，对廊道的宽度及建设标准做出相关规定，以保障片区廊道系统的最终形成。

五、项目实施计划

1. 龙园段概念设计方案

（1）龙园景观结构

基于对公园景观现状及周边城市环境分析，将龙园景观分为四大功能片区——娱乐休闲区、佛教文化区、艺术创客区、文博展示区；两条水廊——滨水观光廊、滨水步行廊；一条景观主轴——历史景观轴；及十大景观节点。

（2）旅游路线策划

核心范围内设计四大游览观光路径，分别为：龙文化径、历史民俗径、滨水休闲径、佛教文化径。

（3）实施计划

设计选择的重点设计区域，为老墟整体更新与复兴提供示范性。针对整个区域沿街建筑织补、街道空间的改造、城市家具的更新方面的措施，我们提出五大计划：

① 龙园计划

以龙园为主体，结合龙文化强化公共开敞，结合周边城市功能，新设四大主入口，八个次入口。取消园区围墙，使社区景观通廊直达龙园。结合周边村

落场地形成社区节点。融入近期无法拆迁的村落，植入文化功能，疏通社区节点，形成文化设施，打造客家村落、创意村落与艺术家村落。

与洪水为友，建立适应性防洪堤、适应性植被的亲水廊道、栈桥，建立一个与洪水相适应的水弹性景观体验。本设计在形式语言上大胆应用了流线，通过对不同水位的多方位设计，包括河岸梯田和流线型的种植带，流线型的地面铺装，流线型的道路和空中步道和跨河步行桥。

延续龙形的奇石展厅的造型曲线，以半覆土的方式建设，建筑表面与周边环境融为一体，彰显生态、人性的理念。形成与景观相融合，步行无障碍，多层体验的绿色建筑，结合多元文化历史活动，对龙形建筑功能进行文博会的全新策划。

②海绵计划

引入海绵城市理念，设置梯田湿地，将面源污染和雨洪滞蓄和过滤，避免河道污染，达到水质净化目的。

河岸缓冲带取代了原有防水抗渗的垂直河岸，缓冲带土壤松软，坡度偏缓，覆盖着植被。河岸植被边缘的绿色缓冲区形成水生环境，并有助于河水和雨水径流中去除污染物。

野生动物栖息地结构诸如原木栖息地和树木栖息地将沿着河岸边缘发育，构成复杂的栖息地，维持丰富的生物种类。

③博物馆计划

打造鹤湖新居民俗博物馆、格水屋时光博物馆及北入口艺术露天博物馆，记录、展示龙岗历史文化。拆除临时建筑，立面整治，赋予公共及创意空间功能，打造层次丰富的景观空间，硬质铺地与乔灌木

及草地结合以提高人群使用度，增设艺术主题小品提高片区趣味感，入口处设置标志吸引人群。

a.北入口艺术露天博物馆

结合龙园北部入口打造。在现状旧村肌理上适当梳理，留出南北向公共空间廊道及小节点空间，选择适宜建筑植入创意功能及文化体验功能，使之留住原住民的同时吸引更多创客活力入驻，从而带动整个区域的发展。

b.格水屋时光博物馆

客家围屋类博物馆，既是龙园公园中的一个重要节点，也是北部围屋群的一个重要组成部分。在原状保留的基础上，纳入龙园公园进行整体设计，以密切其与龙园公园的关系，同时打通格水屋与北部其他围屋之间的联系。

c.鹤湖新居民俗博物馆

省级重点文物保护单位。目前已完成周边建筑立面改造，并初步完成了月池广场周边环境的提升工程。建议对周边道路铺地特色进行强化，新增客家文化设施及展示设施，整理月池东北侧空间形成开敞的入口广场，以提高鹤湖新居的整体品质。

④历史径计划

历史径不仅仅是复兴街区的一条同行道路，还承载着重要的商业空间和集市空间的作用。运用不同的铺地材质把不同性质的空间重新进行区分和界定，使人们在街道中的各类活动都能够找到合适位置，明确空间权属。

以罗瑞和街—鹤湖新居—龙园的社区街区为主体，串接重要文化、开敞空间节点。运用不同的铺地材质把空间重新进行区分和界定。客家围屋前用青砖铺地界定广场，打造场所感、红砖铺地将街道人群引

向社区内部。与商铺内部相似的铺地材料，限定出商铺权属的街道空间，增加经营者的责任感。

⑤坐标计划

通过场所环境对情感的激发，以保留大树、多样绿化、改善照明、标识引导、营造声景、露天剧场、客家元素等方式，还原客家情怀的活力街区。

参考文献

[1] 尹菲，杜丽娟. 休闲视野下的城市公园变迁：以成都市公园发展为例[J]. 成都大学学报（社会科学版），2006年04期.

[2] 李静，吴人韦，吴成，等. 生态设计理念的表达与运用：以上海世博公园山水系统规划设计为例[J]. 城市规划，2007年01期.

[3] 罗正敏，城市综合性公园改造规划[D]. 南京：南京林业大学，2007年.

[4] 陈圣浩，城市旧公园改造的"有机更新"：以安吉竹博园改造设计为例[J]. 科技信息，2011年01期.

[5] 贾超，"有机更新"理论在城市公园改造中的应用与探索[D]. 福州：福建农林大学，2012年.

作者简介

刘　烨，华中科技大学，硕士，深圳市新城市规划建筑设计有限公司，城市设计所，所长。

4.龙园计划效果图
5~6.海绵计划效果图

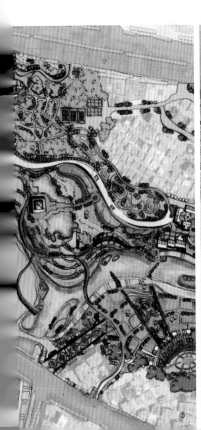

以商业发展带动旧城区域升级策略研究
——以济宁市金宇路地块为例

A Study on the Strategy of Business Development in the Promotion of the Old City Area
—Jining Jinyu Road Block as an Example

孟震
Meng Zhen

[摘　要]　随着存量开发为主的内涵增长、创新发展阶段的到来，旧城升级改造已然成为城市规划的热点问题。济宁市金宇路地块的实施规划是济宁市近年在区域升级背景下，对于旧城改造的一次重要探索。本文基于"多样、混合、宜人"的发展策略，从土地利用规划、商业业态与布局、城市设计引导等方面介绍了旧城区域升级的具体内容和方法，最后初步构建出一套以新型商业发展为导向，融合现代都市空间品质的旧城改造规划思路。

[关键词]　旧城；升级；多样；混合；宜人

[Abstract]　With the development of the stock of the connotation of development, innovation and development stage, the transformation of the old city has become a hot issue of urban planning. Planning and implementation of Jining Jinyu road block is the city of Jining in recent years in the upgrading of the regional background, an important exploration for the transformation of the old city. This paper is based on "diversity, mixed, pleasant" development strategy, the specific content and methods of the old city area to upgrade from land use planning, commercial city design and layout, guide and other aspects, finally constructs a set to develop new business oriented urban planning ideas, integration of modern urban space quality transformation.

[Keywords]　Old City; Upgrade; Various; Blend; Pleasant
[文章编号]　2016-75-P-114

1.城市设计总平面图

一、规划概述

1.我国现阶段旧城改造实施规划的缘起

二十余年的城市化进程虽然在短时间内给国家和地方带来了巨大的经济成就，但也造成了大面积的土地资源浪费和低品质的城市空间环境。随着新常态的到来和对于粗放型发展的反思，各地开始对旧城改造等城市更新的相关问题进行探索，城市建设进入了转型发展期。

例如，为适应城市资源环境紧约束下内涵增长、创新发展的要求，进一步集约利用存量土地，实现提升城市功能、激发都市活力、改善人居环境、增强城市魅力的目的，上海于2015年颁布《上海市城市更新实施办法》。2016年6月16日，为建立统一的城市更新管理体制，山东省济南市城市更新局挂牌成立，整合了市规划局旧城更新相关职责及市城乡建设委员会城市房屋征收拆迁工作的监督管理等职责。

2.济宁市金宇路地块规划设计的背景

（1）城市化进程加速，旧城外围空间升级

在2008年版总体规划指引下，济宁市向都市圈中心城市的目标迈进。济宁市进入了城市化进程加速阶段，空间集聚速度加快，程度加强。如今，中心老城的建设空间有限，迫切需要在旧城外围寻找新的发展用地。就金宇路所处位置来看，其正处于老城区向北扩展、济北新区向老城缝合的过渡地带，因此，该地段是济宁市旧区升级的重点区域。

（2）中心城区行政区划调整，老城区与任城区的互动加强

为推动城区的合理布局，加快城市化和城乡一体化进程，济宁市委市政府对市中区、任城区行政区划进行了调整，使任城区的范围进一步扩大，成为中心城区的重要组成部分，同时解决市中区发展空间不足的问题。新的行政分区将市中区的两个街道划归任城区，改变了原有区划的用地构成，为任城区的发展提供了新的思路和契机，因此，需要结合不同地块进行整体的统筹和规划。

（3）城市商业空间发展战略调整，产业职能的

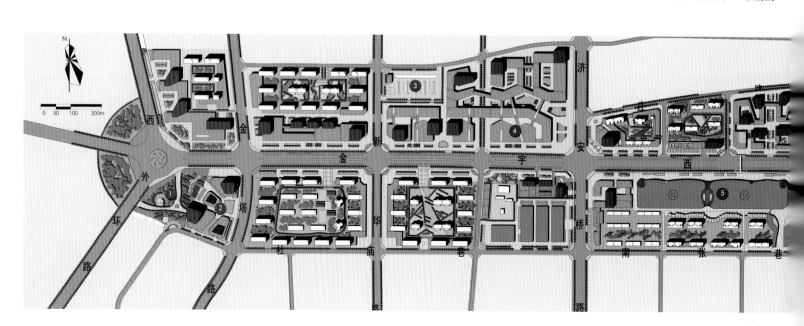

空间集聚

济宁市在90年代为发展市场经济，依托火车站引入了大量商贸企业，沿琵琶山路形成了最初的城市中心。但随着中心城区的开发建设，城市中心地价提升，商业中心档次提升。

在济宁行政区划调整和中心城区的扩张的背景下，金宇路及沿线用地的价值逐渐凸显，引起了市委市政府的高度重视，金宇路城北商贸带因此成为了此次中心商业升级和产业转移的不二之选。经研究讨论，计划将金宇路区域打造为承接主城内商贸、商业、居住功能的市级商业中心。

3. 济宁市金宇路地块规划设计范围

本次规划范围北起金宇路，南至常青路—吴泰闸路，西起西外环路（105国道），东达火炬路，东至供销路，规划总面积为270.95hm²。

二、规划目标、定位与策略

1. 规划目标与定位

（1）规划目标

经过对上位规划与现实条件的深入研究，笔者认为设计应充分发挥金宇路地区与中心区的邻接优势，抓住市中区产业转移和任城新区建设启动区的契机，同时利用城市道路交通调整的有利条件，通过区域升级、旧城改造，融入城市整体发展。因此，笔者提出"展示现代都市空间形象，营造舒适都市商业氛围，缝合城市新旧功能片区，体现都市时尚生活方式"的规划目标。

（2）规划定位

结合规划目标，规划期望将金宇路打造成为"引领济宁城市新型商业发展方向，融现代都市空间品质、低碳生态运营理念于一身，集商业氛围与城市文化为一体的城市高端生态商业街区"。

2. 规划策略

从规划的目标和定位可以看出，新型商业是本次区域升级的引擎，同时也是规划的落脚点。经实地调查，笔者对金宇路现状商业总结出如下主要问题：

（1）金宇路的交通功能依然占据主导，商业气氛薄弱，与商业大道的发展目标不符；

（2）道路功能混杂，商业业态定位偏低，难以达到市级商圈的要求；

（3）建筑质量参差不齐，设施匮乏，界面混杂，景观环境差；

（4）已批用地量大，可规划用地少，可改造余地有限。

因此，结合规划定位和现状条件，规划师对商业采取"多样、混合、宜人"的发展策略。

（1）多样——避免单一的商业业态，植入多样互补的业态类型；

（2）混合——利用功能置换后的土地资源，住宅、办公、商业等功能得以混合，提升地块的活力；

（3）宜人——结合城市设计，打造高端空间品质的商业环境。

三、案例分析与共性总结

笔者通过对维也纳环城大道、纽约第五大道、上海五角场商圈、上海大宁国际商业中心、深圳华润中心万象城等优秀案例分析的基础上，提出如下高端商业街的共性要素。

1. 多样的商业业态

通过多种类、多样化的店铺组合和品牌设置满足市民的一站式便利购物与消费需求。

2. 高品质的空间环境

高品质的空间环境不仅能增强商业区形象，提

升吸引力，带动周边地块发展，同时也能提高购物体验，充分体现城市的人文关怀。

3. 纯化的步行环境

减少机动车对街区内部的交通干扰，设置舒适的环境设施，创造连续且富有变化的街道空间，能营造出可供人停留的良好的步行环境。

4. 宜人的尺度

商业核心区采用了高密度的街区尺度，约为250m×250m，能更好的营造良好的步行环境，并且，有利于将商业引入内部，形成独立的商业街区。

5. 合理的停车布置

机动车停车主要依靠地下停车解决，停车场应在商业街区的主要出入口与主要交通干线的衔接处，但应避开交叉路口或公交车站旁边，以免造成交通混乱。非机动车停放场地应分段设置。

四、多样

多样性的定义是城市环境中最多的差异和选择；不言自明，最好的城市能为市民提供最多样化的选择，并且这些选择均有可能最终实现。多样的商业业态类型和空间模式是设计首要考虑的因素，它决定着地块的人气和行为模式的丰富度。

1. 业态研究

金宇路作为衔接济宁城北新区与老城市功能的一条主要道路，规划中与太白楼路并肩作为济宁城市商业经济带。本次研究范围东至琵琶山路、西至西外环路，同时针对金宇路现状及与太白楼路商业业态的对比研究，提出合理化的规划要求。

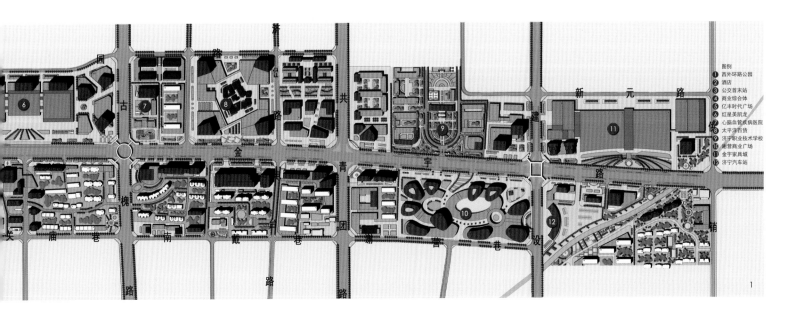

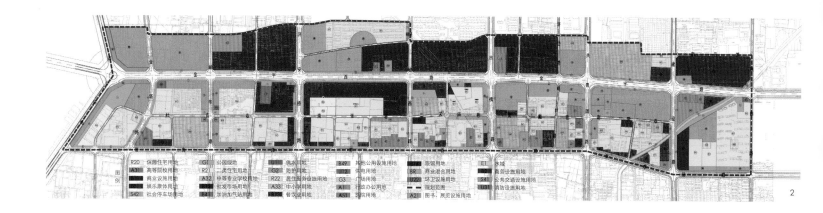

2. 济宁市主要商业空间分析

前文分析可知，金宇路区域未来将要打造成为承接主城内商贸、商业、居住功能的市级商业中心，因此笔者在设计过程中在整个主城层面对主要商业地段进行了研究。这有利于吸取现有经验，同时实现商业业态的互补和协调发展。目前，济宁市的商业空间除太白楼路外，其他主要分布于洸河路和琵琶山路区域。

其中，洸河路是济宁市集现代都市办公与大型城市公园于一身的重要城市东西干道，是展现济宁现代化风貌和园林风光的良好载体。它具有道路形象完整统一，界面连贯，植物景观配置丰富而合理，配备大型公园，办公和游憩的有机结合等优点。不足之处在于：沿路建筑尺度缺乏统一规划，空间变化不足，沿路停车设施缺乏规划，设施小品缺乏细节考虑。

琵琶山路是贯穿城市南北，连接火车站商圈的重要城市道路，体现了城市商业由中心向南北发展的脉络。沿路展现了许多重要的城市意向，街头的活动与景观深刻表达着城市的活力。它具有绿化景观点线面结合，变化丰富；沿路功能多样，中心地块引入大型旗舰商业，重点突出等优点。不足之处在于：老城区部分新旧衔接缺乏缝合；新城部分建筑形式单一，景观设计缺乏人性化考虑，使用不便。

3. 规划商业业态类型和空间形式

经过前期的调查研究，在规划中拟采用的业态类型主要有：精品旗舰店、购物中心、百货店、大型超市、便利店、专卖店、家居建材商店等。

其中，商业空间的形式主要为以下四种：

①沿街商业：沿金宇路两侧分布，主要以精品专卖店为主，服务于主城；

②综合体：组织大型百货集团和综合性连锁超市入驻；

③大小空间相结合的专业市场：提供品种繁多的生活用品和专业服务；

④商业街：离居民生活区较近，提供便捷的生活服务。

五、混合

混合功能是古今中外的城市建成区的存在方式，是城市土地使用的理想状态，是城市可持续发展的必要途径和必然结果。但受现代主义功能分区方法的影响，单一的用地和建筑功能成为了惯常作法，造成了诸如钟摆式交通、城市活力不足、建筑使用效率低下等问题。本次规划利用地块内仓储和工业用地置换的契机，对土地功能的混合使用进行了初步探索。

规划地块中，现状城市建设用地以居住用地、道路与交通设施用地、商业用地为主，分别占总用地的33.29%、23.13%、17.74%，此外，工业用地占现状用地的14.43%。

根据城市总体规划，居住用地比重基本不变，占城市建设用地的35.36%，这在客观上增加了项目的可实施性。商业用地与绿地和广场用地比重明显增加，分别占城市建设用地25.13%和9.61%，道路与交通设施用地占20.71%，工业用地和物流仓储用地从现状用地中迁出，符合此区域升级的发展趋势。

规划区内的商业服务业设施用地主要是指商业设施用地、商务设施用地、娱乐康体设施用地、公用设施营业网点用地及商业居住混合用地。主要商业用地沿金宇路沿街布置，之间混合布置商住混合用地、商务设施用地和娱乐康体用地等，且业态混合多样。

其中，各用地的大小和位置如下。

（1）商业设施用地（B1）

规划零售商业用地总用地面积为10.52hm²，零售商业设施主要集中在济安桥路两侧、建设北路两侧、以及常青路北侧，以沿街商业、零售市场为主。

规划批发市场用地总用地面积为13.30hm²，主要为现状改造的振宇蔬菜批发市场，位于济安桥路以西、杜庙巷以北处。

规划餐饮用地一处，占地0.24hm²。旅馆用地两处，分别位于电台路以西、常青路以北，共青团路以东、吴泰闸路以北，总用地面积1.6hm²。

（2）商务设施用地（B2）

规划商务设施用地总用地面积为6.17hm²，主要集中在规划片区东部河道两侧、济安桥路东侧及环城西路东侧。

（3）娱乐康体设施用地（B3）

规划娱乐康体设施用地总用地面积为0.48hm²，位于金宇路以南、济安桥路以西处。

（4）公用设施营业网点用地（B4）

保留规划片区内现状加油站2处，占地0.54hm²，分别位于古槐路以东、常青路以北及吴泰闸路以北、建设北路以西处。

在传统单一的住宅和商务用地中，因为商业设施的需求和回报率，与商业功能脱离的大片住宅和商务用地通常较难售卖，也由此常在售卖之后发生诸多"改商"争议。通过用地功能置换等方式，本次规划在现状居住用地周边植入大量商住混合用地和多种商业用地，总用地面积为35.15hm²。不仅提升了居住区的活力，同时与金宇路的沿街商业形成互相渗透的状态，增加了整体商业效益。

六、宜人

在满足必须的生活需求的同时，规划最终的落脚点在于让居民、行人获得高品质的城市空间，宜人舒适。这也就意味着以人为本的现代城市中需要丰富的空间形式，合理的尺度，界面连续性等，而科学的规划引导必不可少。

1. 商业空间形式

与业态类型相对应的空间形式多样，层次丰富，其中，金宇路商业可用地有限，规划结合住宅和办公合理利用建筑底层空间，对有可塑性的土地重点

打造，充分开发混合用地的优势和活力。

2. 城市设计引导

城市设计是一种关注城市规划布局、城市面貌、城镇功能，并且尤其关注城市公共空间的一门学科。城市设计作为一种策划、引导的手段和方法，对于空间形态的建构和优化具有实质性的技术作用，通过与法定规划相互补充，可以在城市立体空间特色塑造方面发挥积极作用。因此，对于金宇路地块的城市设计工作是控制城市风貌的重要设计环节。

（1）城市设计控制体系及其元素

基于规划区的用地、道路和河流形成的基本空间格局，结合开发强度分区，依据城市设计控制的目标导向，确定规划区的城市设计控制体系，包括节点、廊道、高度、界面等控制元素。其中，商业服务业设施用地是城市设计控制的重点内容。

（2）节点

规划共确定了7处核心节点，包括4处道路景观节点和3处公共活动中心。其中：

核心节点5是位于共青团路与建设路、金宇路与吴泰闸路之间的谢营商业广场；

核心节点6是位于金宇路以北、济岱路以西处的天幕商业街；

核心节点7是位于金宇路以北、济安桥路以西处的商业广场。

公共活动中心：形成以广场为核心的地域的形态格局，周边的建筑物应当面向广场，并且有效围合广场空间。基于各个地块的功能定位和地域形态格局，确定各具特色的标志性建筑。以标志性建筑为核心，形成建筑群体的形态格局和天际轮廓特征；并在街道设施、绿化配置、地面铺砌和竖向处理等方面体现与众不同的景观意象特色。

（3）廊道

廊道是地区空间形态和景观风貌的"线"状元素。金宇路东西贯穿规划区，道路两侧规划布置居住、商务商业、文化娱乐等功能的公共建筑和服务建筑，规划形成丰富错落的界面，并在街道设施、绿化配置和地面铺砌等方面形成步行友好环境和体现商业特色的街景。

（4）高度

高度分区控制是地区空间形态和景观风貌的"片"状元素，是关乎人体尺度和感知的重要设计要素。

广场周边地带：界面建筑高度应与广场空间尺度相协调，高宽比不宜大于1:1，应当进行城市设计评审。

主干道路沿线地带：直接面临道路的界面建筑可以高于基本强度区域的建筑限高，沿路一般建筑的控制高度不得超过道路规划红线宽度（W）加建筑后退距离（S）之和的1.5倍，否则应当进行城市设计评审。

（5）界面

广场、道路和河流等开放空间是感受地区空间形态和景观风貌的重要载体，开放空间界面形成的网络是地区空间形态和景观风貌的"网"状元素。在2种或2种以上界面控制规定的叠合部位，应当采用相对严格的界面控制规定。

①广场界面

规划片区内有1处广场，位于共青团路与吴泰闸路交叉口。

广场周边的建筑物应当形成有效的空间围合效果，确保广场具有明确的空间形态，界面建筑的连续度和贴线度都不低于80%。界面建筑应当面向广场，建筑物的底层用途应当与广场活动相协调，宜为商业和休闲等公共开放用途，有助于强化广场的场所活力。位于大型公共绿地中的广场应当采用地面铺砌、街道设施和绿化植物等手段，有效地界定广场的空间形态。

②商业街道界面

金宇路、济安桥路、建设北路两侧是规划片区商业服务设施的空间集聚地带，建议沿线地块采用裙房方式，形成连续的商业界面。界面建筑（包括裙房）应当有效地围合商业街道空间，连续度和贴线度都不低于70%。

七、结语

商业用地中的多样业态和功能混合保证了地块的产业升级和济宁市新的商业中心的建设，城市设计引导则是优化城市面貌，振兴城市形象，塑造舒适人居环境的有力保障。本文初步构建出一套以新型商业发展为导向，融合现代都市空间品质的旧城改造规划设计思路。

参考文献

[1] 寇联[美]，恩奎斯特[美]，若帕波特[美]，赵瑾等．译．城市营造：21世纪城市设计的九项原则[M]．南京：江苏人民出版社，2013．7．

[2] 王佳宁．合理应用混合用地，适应城市发展需求[J]．上海城市规划，2011（06）．

[3] 王承华，杜娟．创意引领、理性设计、管理结合：以无锡市太湖新城贡湖大道北段两侧地区城市设计为例[J]．规划师，2012增刊（28卷）．

作者简介

孟震，华东建筑设计研究院有限公司华东都市建筑设计研究总院，规划设计师。

2.土地利用规划图
3.城市设计日景鸟瞰图

以有机更新重塑城市活力
——以河南焦作市民主路特色商业区详细规划设计为例

Reshape the City Vitality by Organic Renewal
—Taking the Detail Planning of Minzhu Road Characteristic Commercial District in Jiaozuo City of Henan Province as an Example

陈治军　王芳菲　温晓诣
Chen Zhijun　Wang Fangfei　Wen Xiaoyi

[摘　要]　在焦作市民主路特色商业区的规划设计中，首先通过宏观和微观的产业研究，确定商业容量和业态。其次在空间规划中，借鉴有机更新理念，通过营造开放空间，形成不同的城市节点，从而为区域注入新的活力，带动整体发展。

[关键词]　有机更新；城市活力；特色商业区

[Abstract]　In the planning of the characteristic commercial area near the Minzhu road of Jiaozuo, firstly through the macroscopic and microscopic industrial research, the capacity and the form of business is confirmed. Secondly in the space planning, we draw new ideas from the organic renewal. Different city nodes are formed through creating open spaces, so as to inject new vitality in the area and bring the whole development.

[Keywords]　Organic Renewal; City Vitality; Characteristic Commercial Area

[文章编号]　2016-75-P-118

1.城市设计平面

一、规划背景

随着国内城市建设速度的加快，新增用地的减少使得存量土地的开发与利用成为城市建设的主要方向，特别是老城区的更新与利用成为当前城市开发中的热点。焦作市作为较早的资源型城市，在产业转型和城市提升的过程中，需要通过老城区特别是商业街区的更新完善城市功能，提升城市风貌，提高城市活力。2014年7月，为促进地区服务业发展，河南省提出加强商务中心区和特色商业区的（"两区"）建设，以"两区"建设为契机，焦作市提出了对民主路特色商业区进行产业转型和城市更新，以满足地区日益发展的商业需求，提升城市风貌，增强区域的竞争力与吸引力。

二、理论研究

有机更新是由吴良镛教授提出的一种城市规划理论，认为从城市到建筑，从整体到局部，如同生物体一样是有机联系，和谐共处的。他主张城市建设应该按照城市内在的秩序和规律，顺应城市的肌理，采用适当的规模，合理的尺度，依据改造的内容和要求，妥善处理目前和将来的关系，在可持续发展的基础上探求城市的更新发展，不断提高城市规划的质量，使得城市改造区的环境与城市整体环境相一致。目前，大中城市的建设正在由大规模推倒式的城市开发走向小规模渐进式的城市更新，特别是老城区。研究老城区的产业状况、城市肌理、交通条件可以深层次地认识老城区存在的问题，进而提出针对性的解决方案，营造更美好更宜居的城市。

三、现状概况

1. 区位分析

焦作市位于河南省西北部，是豫西北经济中心和商品集散地，基地位于焦作市北部老城区，是焦作市传统的商业中心，也是城市总体规划确定的焦北商住组团的重要区域。基地中部是南北向城市生活性干道民主路，总用地面积198亩。

2. 现状功能布局

功能布局杂乱，中心品质难以提升。以民主路为核心的老城商业中心区与火车站、汽车站在狭小空间内激烈"碰撞"，造成功能布局上的混乱，形象不佳，难以提升本区域的商业品质，满足区域商业中心的功能要求。

3. 道路交通

道路组织尚待完善，停车设施较为缺乏。
（1）基地内部及周边现状道路通行条件较差，尤其是南北向道路联系能力差，支路系统不通畅；
（2）区域内商业设施集中，又有商业街区内部的步行街，造成机、非交通相互干扰；
（3）公交和出租车现状组织较为混乱，缺乏专用的集散场站和通道；停车位存在较大缺口，占路停车现象严重；
（4）民主路作为连接老城与新城的南北向干道，交通压力巨大。

4. 空间环境

公共空间不够连续，环境品质有待提高。
（1）民主路两侧、火车站其广场周边建筑布局比较零乱，天际轮廓线形象不佳；
（2）规划区内人流众多，但缺少连续的公共步行空间进行串联；
（3）烈士陵园作为国家级重点文物保护单位，其周边建筑密集，以居住功能为主，没有形成具有历史感的特色空间；
（4）基地南临焦作火车站，周围缺少与之呼应的特色空间和建筑。

四、产业分析

1. 中原经济区商圈分析

在焦作周边九个商圈中，与焦作联系最为密切的商圈有五个，分别为郑州、新乡、济源洛阳圈和开封商圈。五个商圈形成环状交织，对焦作的商圈的人流物流产生重要影响。

九个城市一般有两个以上的主要商圈，都位于城市中心区域，业态主要为百货商店、大型超市、购物中心。焦作需要满足商业数量的同时，通过特色商业街、精品广场等形式提升购物环境，提高商业质量。

2. 规划区现状商业业态小结

（1）核心地位突出、商气人气旺盛

整体上民主路特色商业区已有一段历史，具有一定的商业规模，人气商气旺盛，居民对其有较强的认同感，发挥着焦作市级商业中心的辐射作用。

（2）业态复合多样，商业档次不高

商业类型以日用百货、服装服饰、烟酒粮油、五金建材为主，整体业态复合多样，商业档次不高。商业综合体的开发理念与目前国内主流综合体开发（复合、立体、生态）还有较大差距。

（3）沿街底层分布，商圈效应不足

规划区仅四五家百货商场，商业沿底层商业布置，其他大部分商业以沿街布置为主，商圈效应不足。

（4）服务配套不全，缺少娱乐休闲场所

规划区内只有3%的休闲娱乐场所，配套严重不足，难以有效的留住消费者，需要提高休闲娱乐的比例，如影院、KTV、电玩城、游乐城、儿童乐园等。

（5）消费群体动力不足，缺少办公群体

随着各大商场、百货广场的建成，根据商圈发展研究，商圈周边的人群需要同步递增，才能确保商圈的健康发展，目前民主路特色商业街办公建筑的比例为12%，周边主要为居住人群（居住建筑的比例高达45%），办公群体缺乏。

（6）文化缺位、对外吸引不足

焦作市作为旅游城市，规划区内有烈士陵园，而目前规划区域无法感知当地传统文化特色；民主路特色商业区缺少与周边区域的互动。

3. 商业业态规划

通过重点产业选择矩阵，构建三个层次的指标体系，采取主层次分析法，对备选的重点产业进行选择。根据评价结果，结合解放区优势，特色商业区重点发展的产业——现代商业、文化创意业、旅游服务业。其中，商业以现代零售业为主导，兼顾住宿业和餐饮业发展。

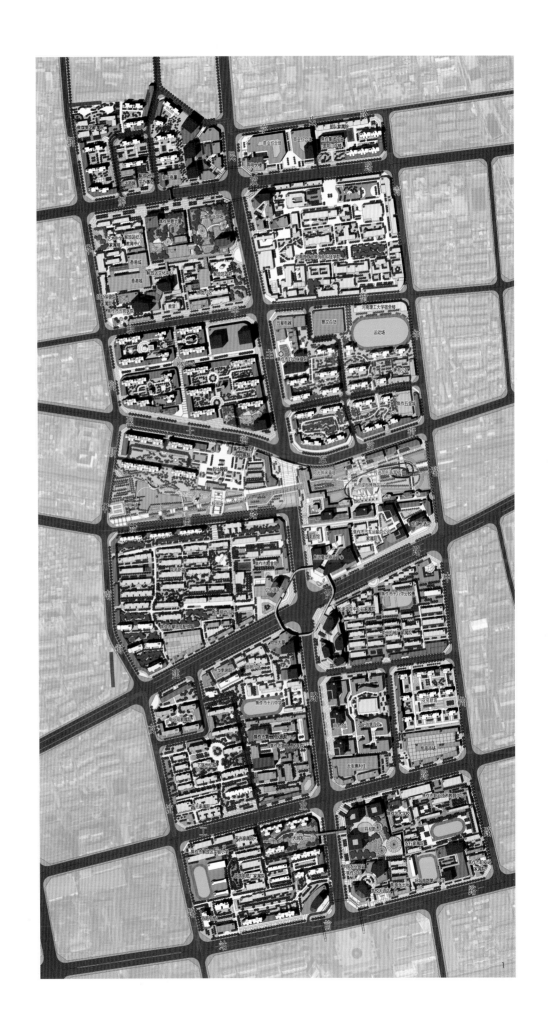

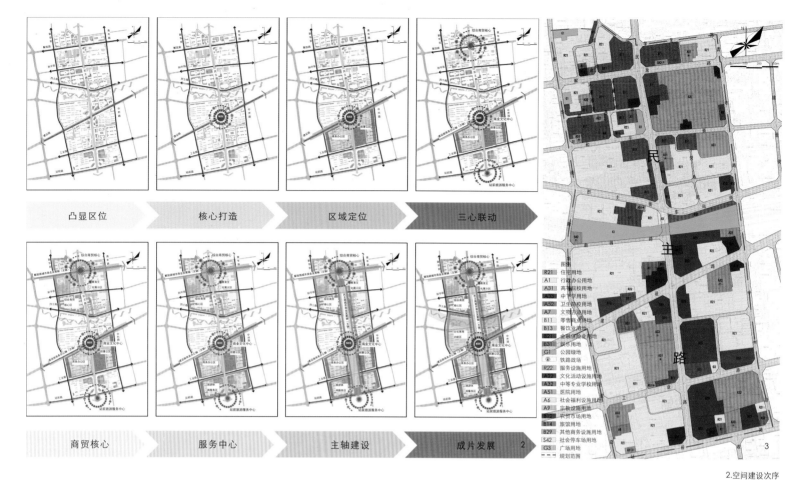

2.空间建设次序
3.规划用地
4.鸟瞰图

五、目标定位

在分析区域商业中心定位及城市经济转型、促进全市服务业发展的基础上，规划对民主路特色商业区提出了如下定位。

1. 区域定位

豫西北商贸中心、休闲娱乐中心；焦作市商业核心区、旅游服务中心。

2. 产业功能

以高端商贸为主导，集文化创意、休闲娱乐、旅游服务和特色餐饮为一体的综合性文化区域。

六、空间规划策略

1. 空间策略——特色定位，完善片区功能

（1）空间结构

以突显区位——核心打造——区域定位——三心联动——商贸核心——服务中心——主轴建设——

成片发展的空间建设次序形成独有的空间特色。在空间结构上形成"三心三轴"的布局框架结构。"三心"为由北至南形成的三大中心——综合商贸中心、商业文化中心、旅游服务中心。"三轴"为"两主一次"发展轴，即民主路城市商业发展轴（主轴），贯穿焦作市南北的商业发展轴，形成以大型商场、品牌门店、高档宾馆、商务楼宇为支撑的商贸业黄金通道；解放路城市商业发展轴（主轴），城市东西向商业主线，由西向东串联焦西综合组团、焦北商住组团、焦东综合组团、东部工业组团，现状商业基础雄厚，有三维商业广场、百货大楼、新亚商厦、新时代、春天购物中心等大型商业网点；建设路商务办公发展轴（次轴），以现状工厂改造为契机，集中建设商务办公区。

（2）功能分区

规划形成五大功能分区。

①综合商贸核心区

以三维商业广场及其周边地区为核心，集中高端零售业、星级酒店、商务办公、特色餐饮为一体的复合功能区。

②教育文化展示区

依托河南理工大学、焦作市职业技术教育中心等科研教育资源，发展文化创意产业，提高特色商业区文化内涵。

③文化休闲功能区

依托铁路货运线搬迁及旧城改造的契机，加快规划用地功能置换和业态提升，建设成为集商贸、酒店、文化展示等功能于一体的文化休闲功能区。

④商务办公区

以现状工厂改造为契机，集中建设商务办公区。重点吸引周边制造企业和服务企业的营销中心、研发中心、银行营业网点、证券投资公司等机构的入驻。

⑤旅游休闲服务区

依托郑焦城际铁路站建设，聚集人气，发展旅游购物、土特产品交易、休闲娱乐等旅游配套服务功能。

（3）用地规划

①提高商业用地效率，突显商业区功能特征

通过棚户区改造，工业厂房的搬迁等措施调整部分用地功能，提升商业服务业用地比重，商业服务

业设施用地现状为31.70亩，规划商业服务业设施用地为45.45亩，规划比例由16.04%增加到23.00%，凸显商业区的功能特征，同时提高商业用地效率，与规划区的功能定位相匹配。

②适量减少居住比例，提高居住用地开发强度

通过棚户区改造，适量拆除与改造已有的居住用地，居住用地的用地面积有所减少（从现状的73.91亩减少到69.40亩，比例由37.40%减少到35.12%，在保持人口容量的基础上，新规划的小区可适当增加容积率，提高用地效率。

③完善配套设施，增加城市公共空间

完善城市道路网结构，增加地下、地面社会公共停车场，新增绿地公园、广场用地等用地，优化民主路特色商业区整体空间环境。其中绿地和广场用地由现状的2.21亩，占总用地的1.12%，提升到9.69亩，占总用地的4.90%。

2. 交通组织策略——整合路网、营造舒适街道

（1）交通强化：加强城市南北向道路联系

针对规划区内南北向道路不畅的情况，本次规划在保持原有城市道路网格局的前提下，拓宽南北向的交通性道路——民主路，提升城市道路的等级，重新规划道路断面。

（2）交通疏解：增加交通联系外环

本次规划为了强化规划区的交通疏解能力，东面打通青年路—中州路，西面打通新华南街，形成学生路、新华街、站前路、青年路的交通外环，疏解民主路过于拥堵的交通量。

（3）舒适街道：设计特色断面、发展立体交通

依托市政工程如人防工程的建设，结合火车站站前广场、现代商业开发等大力发展立体步行系统，建立完全连通的地面、地下与地上的步行网络，联系各个片区。

3. 步行系统策略——立体开发、多元步行网络

（1）步行网络

"一横"——围绕拆除的铁路线路，结合公园，打造内容丰富的横向慢行道。

"一纵"——以民主路为核心，沿民主路两侧打造贯通南北的慢行系统。

"多支"——规划在各地块内打造丰富的步行支路体系，优化整体慢行网络，打造舒适生活环境。

（2）立体步行系统

立体步行系统主要包括以下三方面：

①地面步行系统

在北部三维商业区规划特色步行街，实行严格的人车分流控制，确保行人安全和步行舒适；

②地下步行系统

合理、有序地利用城市地下空间，科学规划地下步行、停车空间等交通系统。统筹整合地上、地下两类资源，实现地下交通系统、地下商业系统和人防防灾系统的分层利用，积极推进地下城市建设；

③高架步行系统

规划建议拆除现状民主路几个交叉口的人行过街天桥，并在大型商场之间，建设多层连续的高架步行系统，方便大型商场之间的联系。如综合商贸核心区的三维商业广场、焦作贸易大厦、香港城等大型商场之间，

以及民主路建设路路口，通过高架连廊方便联系。

4. 景观塑造策略——梳理景观，改善片区形象

（1）塑造现代商业风貌，提升老城中心品质

民主路商业区已有相当的规模，为区域的发展提供了良好的经济基础。但传统的商业业态越来越难以满足现代人们的需要。规划以现代服务业集聚区的理念对区域商业进行整合和建设，形成以第四代商业综合体和商贸服务为主要功能的现代商业风貌区，注重人性化空间的塑造，从而提升老城中心的品质。

（2）优化城市门户形象，展示焦作城市形象

民主路特色商业区作为焦作重要的门户空间、商业中心，代表着焦作的城市形象。现状火车站广场功能比较混乱，周边的建设形象不佳。因此，本次规划对于景观格局的梳理，首要的就是站前广场及周边空间的整治，塑造良好的天际轮廓线，以形成能够代表焦作城市形象。

（3）引导遗址周边建设，构建特色景观区域

基地中部紧邻烈士陵园，根据文物保护规划的要求，结合铁路用地重新规划的文化主题公园，功能设置上以文化休闲功能为主，包括文化中心、博物馆、文化休闲街等。

5. 文化传承策略——彰显文化、营造人文空间

（1）构筑人性化特色空间，建设立体化步行空间

规划强调对步行空间的塑造，对原有的步行空间进行整合，将核心商贸区、烈士陵园、火车站站前广场等特色空间利用地面、地下和二层步行系统进行串联，形成完整的步行系统网络。

（2）拼贴多元时空特征，融入区域环境营造

规划采用"时空拼贴"策略，在现代都市风貌核心内建设文化内容，将对历史和传统的理解融入景观环境的塑造当中，为中心区建设增加文化内涵。

6. 城市设计策略

从城市设计五要素的角度对基地进行详细的城市设计。

（1）地标

基地规划三处城市地标，一处位于解放路与民主路交叉口的商业建筑，一处是位于建设路与民主路交叉口处的商务办公建筑，一处是位于站前路与民主路交叉口处的商务办公建筑。

（2）界面

城市界面设计主要有三方面内容：街道、广场和交叉口；城市的轮廓线；城市的滨水界面。本次城市设计的景观界面有以下3种类型：①利用焦作北站铁路货运站搬迁所腾出的用地打造城市休闲绿化景观界面；②沿民主路形成的城市商业、文化综合功能界面；③沿次要道路及支路形成的居住功能界面。

（3）节点

综合考虑城市设计、道路对景和天际线变化等因素，在中部烈士街、车站街南侧，新园路北侧用地地块形成公共景观中心。

（4）路径

在对接总体规划的基础上，打通青年路与中州路、新华路与友谊路，以疏散民主路交通，形成"三横一纵"的主干道路网和"三横两纵"的次干路网。

（5）区域

基地根据道路、用地及定位的不同分为五大功能片区：综合商贸核心区、教育文化展示区、文化休闲功能区、商务办公区和旅游休闲服务区。

七、借鉴意义

1. 在产业研究基础上进行规划，使得空间布局和功能安排更具可操作性

一般的空间规划主要考虑基地现状用地、交通和景观等问题，并以此提出相关对策，本次城市更新项目以特色商业区的改造为契机，从宏观和微观层面研究现状服务业状况，分析商业容量，规划合理的商业业态。

2. 以开放空间为依托，通过有机更新的方式，"在城市上建造城市"

民主路特色商业区是发展较成熟的老城区，在城市建设过程中旧有的肌理逐步被大尺度、宽马路的现代城市肌理所取代。在本次有机更新过程中，一方面增加支路保持旧有城市尺度，另一方面规划不同的开放空间为依托，通过修补、缝合的方式让新建筑和老建筑形成对话，渐进式地"在城市上建造城市"。

3. 保留城市文脉，留住地区记忆

规划对基地中部的货运铁路进行了部分保留，形成铁路主题公园，留住基地内的工业记忆，既能传承地区文脉，也为区域规划和城市设计增添了文化主题，增强区域的可识别性和整体性。

参考文献

[1] 吴良镛. 北京胡同与菊儿胡同[M]. 中国建筑工业出版社，1994.

[2] 陈志军. 焦作市民主路特色商业区产业发展规划、空间规划和控制性详细规划[M]. 上海：同济大学出版社，2015.

[3] 亨倞，徐析. 浅析城市有机更新理论及其实践意义[J]. 现代园林，2008（6）.

作者简介

陈治军，博士，上海同济城市规划设计研究院，主创规划师；

王芳菲，理想空间（上海）创意设计有限公司，规划师；

温晓诣，博士，上海同济城市规划设计研究院，主任规划师。

高密度可持续发展的正气候发展计划项目实践
——以悉尼Barangaroo South项目为例

Project Development Practice Righteousness Hou High Density of Sustainable Development
—Take the Barangaroo South Project in Sydney as an Example

乔东华
Qiao Donghua

[摘　要]　Barangaroo South项目是目前世界上最重要的滨水区城市更新项目之一，也是目前全球获得C40正气侯发展计划认证的仅有的18个项目之一。本文通过介绍Barangaroo South项目，试求从投资及发展管理的角度来理解如何在城市更新过程中以国际标准进行高密度可持续发展项目的最佳实践。

[关键词]　高密度；可持续发展；正气候发展计划；碳中和；城市更新

[Abstract]　Barangaroo South is one of the most important urban regeneration waterfront projects in the world, which is one of the only 18 projects that have got the certification of C40 on Climate + Development Program in global market. Based on the introduction of Project Barangaroo South, we could understand the international sustainable development standard from viewpoints of investment and development management process for best high density development practices.

[Keywords]　High Density; Sustainable Development; Climate + Development Program; Carbon Neutral; Urban Regeneration

[文章编号]　2016-75-C-123

一、项目背景

Barangaroo位于澳大利亚悉尼市中央商务区西北部滨海区位置，向南紧邻达令港，向东步行至悉尼海港大桥及悉尼歌剧院仅需20min。100年前，Barangaroo主要作为工业使用存放集装箱的码头，在1924年前后悉尼海港大桥建造前期及期间，是材料运输堆场码头和工人居住的场所。

随着悉尼城市产业发展及不断升级，其货运码头功能逐渐丧失，进而遭到废弃，且遗留下了土地污染问题。Barangaroo虽位于美丽迷人的悉尼歌剧院、海港大桥及达令港黄金滨海岸线间的中枢位置，市民及游人却都不得不选择绕道而行。Barangaroo区域约22亩的闲置土地，对于寸土寸金的悉尼中央商务区来说，着实令各大国际投资商对该区域的发展权益垂涎三尺。在经过几十年的场地封闭、棕地价值修复及提升、土地污染治理、多年的规划方案论证及公开性的总体规划及商务竞赛后，Barangaroo区域的城市更新终于在2003年被新南威尔士州提上日程，Barangaroo区域在百年的沉寂后也终于迎来了属于她的最佳城市更新时机。

二、项目为何选择高密度发展

1. 保持悉尼国际金融中心竞争力

作为南半球最知名的国际金融中心，悉尼在澳大利亚国民经济中的地位举足轻重。金融及服务业是悉尼经济的主体，其中金融保险业占全澳行业产值的44%，澳大利亚储备银行和澳大利亚证券交易所均在悉尼，澳大利亚53家银行有39家银行的总部设在悉尼，最大的百家公司中，有3/4在悉尼设立了公司总部或分支机构。大部分世界知名跨国企业也在悉尼设有分公司或办事机构。随着悉尼作为澳洲政府及国际金融中心地位需求的不断提升，为更好地提升悉尼的形象及国际竞争力，同时维持悉尼房地产市场的稳定剂健康可持续发展，开发利用Barangaroo仅存的既有的城市存量土地，以同新加坡、伦敦、香港等国际金融中心的竞争中保持竞争力成为最佳选择。

2. 保持悉尼作为澳洲第一大国际城市地位

悉尼目前为澳洲第一大城市，但来自第二大城市墨尔本市想成为澳洲第一大城市的挑战从来没有停止过。"把墨尔本作为澳洲第一大城市发展"的声音不

绝于耳，墨尔本市近30年的发展速度非常快，按照墨尔本市的总体规划及目前的人口增长速度，其可以在2050年前后超过悉尼成为澳洲最大的城市。悉尼同墨尔本的在第一大城市及作为国家首都的竞争，还造就了澳大利亚联邦1908年把悉尼和墨尔本之间的折衷地理位置的堪培拉（目前为澳大利亚第8大城市）作为首都这个极富戏剧色彩的事实。

悉尼作为澳洲第一大城市的地位及国际形象不容有失，新南威尔士州政府对确保此目标所做的努力及投入从来都是不遗余力，Barangaroo的更新发展毫无疑问将加固悉尼作为澳大利亚第一大城市的地位。

3. 土地利用价值最大化的动力

澳大利亚是个地广人稀的国家，国土面积范围内人口密度约为2.833/km^2，悉尼作为澳大利亚人口密度最大的城市，在城市核心商务区的土地资源非常稀缺，土地价格也历来不菲。

在保证对城市公共资源的合理利用的前提下，最大化强度对土地进行开发，事实上也是能最大化节约土地资源，最大化土地利用价值的方式。Barangaroo South项目作为Barangaroo整个区域

高密度更新发展的核心，规划容积率目前为6.28，远高于悉尼市的平均开发强度，更极大高于澳洲其他城区，但从土地的稀缺性及价值来看，进行高密度开发，把土地价值最大化也在情理之中。

4. 市场的巨大需求

趋于稳定后，城市形象及风貌变化不大，特别在2000年悉尼奥运会后，悉尼市中心没有任何大型的城市更新项目，中心商务区的物业相对略显陈旧，高端商务办公、酒店、公寓等物业的供应显得不足，随着悉尼人口的增长及经济水平的持续提升，市场对环境舒适、健康的高品质的商务办公、酒店、娱乐空间需求在不断增长，促使了商用物业的租金上涨。Barangaroo的发展实际上要承载满足悉尼潜在巨大市场需求的使命，使得多年积压的市场健康需求得到合理释放，有利于促进悉尼房地产市场健康发展。

5. 塑造最佳滨海体验游览路线的需要

悉尼市是国际知名旅游目的城市，来澳大利亚访问的国际商务人员几乎都要造访悉尼。Barangaroo是介于从悉尼歌剧院出发，向东步行至悉尼海港大桥，前往达令港的黄金步道途中的最佳驻足游览点。Barangaroo在实现高密度发展的同时，必须考虑最大化的塑造城市公共空间，保证游客旅行线路最大自由度及愉悦度，同时也是在塑造全球最长最具魅力的滨海岸线之一。

三、项目定位及规划

1. 总体定位

经多方规划论证，Barangaroo项目将被打造为悉尼市中心最大规模集商务办公、住宅、零售、休闲、酒店、购物、公园为一体的高端多功能高密度发展国际社区。

2. 投资及总体用地规划

基于项目的整体定位，Barangaroo项目投资总额超过60亿澳元，总体规划用地约22亩，由占地面积9.12亩的海岬公园、用地面积5.20亩的Barangaroo Central及用地面积7.68亩Barangaroo South三部分组成。

海岬公园将营造100%对外开放空间，植入7万种不同的乔木、灌木等植物；Barangaroo Central的发展将融入大学校园、创新园区、文化生活社区的多功能多样性融合发展理念，未来建成的地铁站点将使整个区域能直接便捷的连接悉尼市中心及周边区域；Barangaroo Shouth作为整个区域高密度发展的核心，规划总建筑面积约490 000m²，容积率约为6.28；将有约80~100家高端商户、800~1 000个居住单元及120层办公楼面，办公室面积约230 000m²，预计23 000名商务精英提供办公空间。

3. 不断完善的总体概念规划

布朗格鲁项目的总体规划在2007年基本确定后，前后经历了8次修改及公示，负责Barangaroo项目交付管理局在新南威尔士州政府的领导下充分征求来自社会各方的建议进行评估及论证逐步完善的，其中第8次修改刚于2016年6月28日得到政府批准。

4. 规划设计亮点

（1）塑造美丽的滨海天际线

Barangaroo Shouth的总体城市设计充分结合了项目的总体定位，由北向南将3个区域的建筑开发密度、建筑密度、建筑高度逐步提升，保证总体开发量的得以实现的同时，有利于项目的分期实施，同时也贴合了城市既有的天际线，由北到南形成的新的渐变升高的城市滨海天际线也更迷人。

（2）最大化共享海景资源

Barangaroo Shouth的开发难免会造成对既有建筑的视线遮挡，特别是在Hickson Road上的The Bond公寓的人们将彻底看不到或者严重影响他们欣赏海港美景，在Barangaroo总体规划时，方案特别把6栋超高层塔楼的朝向进行了专业的视线分析及模拟，不断调整优化的塔楼布置方案充分考虑了为即有建筑保留视线观海视线走廊，维持其一定的通透性，有能使新建的塔楼获得极佳的观景视线。

特别提出的是，基于项目的发展定位及新建的完善的配套及基础设施，尽管The Bond的部分公寓将欣赏不了西北面的海港美景，但其公寓的租金和房价在市场上得以大幅上涨，有资料显示，这些公寓的房产目前增值已达50%，既有社区居民是期盼项目的早日发展及建成的。

（3）最大化公共空间及商业价值

Barangaroo Shouth50%以上土地的直接被规划为城市公共开发空间，所有公共空间都实现100%对外开放，新建建筑的屋顶也作为公共空间加以利用及设计。Barangaroo Shouth非常尊重公共空间的宜人尺度塑造，在保证便捷舒适的前提下又不牺牲项目的商业价值；在塑造的滨海岸线中尽可能在保持自然性的同时，最大化地保持亲水性，并将商业空间延伸到滨水区，充分发挥滨水区域的空间价值。

（4）创造连接自然的绿色空间

无论是新建的6.5亩海岬公园还是滨水区的设

1.Barangaroo区位图　　　　　　4.待发展的Barangaroo
2.塑造全球最长的滨海步道之一　　5.都市滨水公园
3.Barangaroo总体发展愿景　　　　6.Barangaroo总体用地规划

计，尊重自然、利用自然是Barangaroo Shouth规划设计坚持的基本原则。每个人都可以自由地享用Barangaroo Shouth户外公共空间，打造的多样化的景观及尊重自然环境的设施也最大化的为人服务；此外，Barangaroo Shouth还充分考虑了绿色屋顶及绿墙的设计，创造了一条连接海湾的沙滩步道来丰富生活在高密度社区的都市人的滨海体验。

（5）激励选择绿色交通

Barangaroo Shouth的设计通过充分加强对既有交通的联系，通过新的人行道路系统、增加新的摆渡码头、增加新的轻轨线路、新的自行车专用道和停车设施等来最大化地鼓励人选择绿色出行计划并不断改善交通出行选择。

（6）新建建筑全部为绿色建筑

Barangaroo Shouth在规划之初就决定所有新建建筑将按绿色建筑建造，且大部分商业建筑将采用澳大利亚最高绿色建筑标准（6星标准）进行设计，目前Barangaroo South已有6星标准的商业建筑得以建成并获得了澳大利亚绿色建筑委员会的6星认证，在总分为110分的评分系统中，新建成的建筑获得了104.98的高分，超出了6星建筑的评分标准，这为整个澳洲市场确立了绿色建筑新典范项目。此外，悉尼第一个用环保可再生材料、采用交叉层压木结构技术、易于快速施工、最大化降低碳排放、工地零废物排放的6层办公商业性建筑建成后已对外开放。

（7）整合绿色建筑及绿色基础设施

Barangaroo South的绿色发展是绿色建筑及绿色基础设施的一体化整合。无论是能源、水、废物利用及管理等基础设施，都是结合项目的发展需求及定位、在项目初期同绿色建筑进行一体化的规划设计。值得提出的时项目的发展商在基础设施的投资及开发方面有着丰富的经验，PPP的投资及管理模式被运用到Barangaroo South项目及达令港区域。

（8）合理的分期发展规划

考虑到市场的需求关系及市政设施实施进度，Barangaroo South将分期实施完成。

海岬公园由世界著名的景观设计师彼得·沃克设计，在2015年3月已率先建成并向公众开放；Barangaroo Central目前尚在开发招标过程中；悉尼第一座六星级的酒店将会是一个全球公认的地标，预计将会在2019年建成开业，将吸引成千上万的国际游客，并帮助悉尼与其他全球旅游目的地竞争。Barangaroo South整体预计于2021年项目全部建成后，全新的国际金融商业办公中心、六星级皇冠酒店、奢侈品牌汇集的购物中心及高端VIP赌场、游艇码头、海岬公园预计每年将会迎接1 800万人次访问，完整实现从一个集装箱码头向一个新兴的富有活力的国际滨水金融商务区的转变。

四、项目可持续发展

1. 项目为何采用可持续发展理念

（1）发展商的发展理念

Dick Dusseldorp 先生作为项目发展商联实集团的创始人，1973年就指出，"企业需要开始调整所持的价值观，更重视自身对社会和环境产生的影响而不仅仅是经济效益。"在此理念指导下，联实将可持续发展作为集团层面确立的核心战略及并作为项目发展的核心竞争力，先后参与创建了一系列的推广可持续发展理念国际组织，使得企业一直处于可持续发展的全球领导地位，也让联实集团至2001年开始，在过去10多年能连续入围琼斯可持续指数（Dow Jones Sustainability Index）的发展商，先后完成了131项大型项目的国际绿色认证及实践，其中，2004年完工的联实集团全球总部大楼The Bond 是澳大利亚第一幢获得5星绿色评估体系认证和达到并超过其标准20%的5星级NABERS能源评估体系标准的办公商务楼宇，与标准的办公楼相比能减少48%的二氧化碳排放。可持续性已是联实集团项目发展的基因，将融入每一个项目发展中。

（2）发展商的投资管理理念

Barangaroo South的开发体量在成熟的澳大利亚市场显得非常巨大，由于土地及人工成本较高、项目定位高端、建设周期较长等原因，需要很大的投资资金，发展商需要引入能在投资期及投资回报目标达成共识及签订协议的财务投资者，通过共同投资来解决项目资金问题。

从项目商业及盈利模式看，除少量的居住单元可以出售在短期内获得现金流外，Barangaroo South项目的大量物业为商用物业，从成熟市场的投资及发展经验看，定位高端的商用物业是以需要长期整体性持有、通过专业的运营管理及资产管理、收取合理的租金为盈利模式的，Barangaroo South项目必然需要以长期可持续的回报作为基本的投资理念来制定投资及项目发展策略。

从政府的引导及要求、市场的需求、投资收益

综合分析等多个角度看，项目发展采用可持续性发展作为核心发展理念也成了必然。只有通过设立系统性的可持续环境、社会、经济目标，才能创造高品质满足政府及市场需求的绿色发展的典范项目，保持及提高悉尼的国际竞争力；在绿色建筑及基础设施方面的投入，可以使项目在运营阶段最大化的节约能源及资源、降低项目运营成本、提高项目经济收益；同时通过诸多社会性的举措，也能让更多的原有居民及有热情的人以多样的方式参与到项目当中，在延续社区传统文化，促进项目能真正融入既有的社区生活，可持续的发展框架也能最大化地降低项目投资及发展风险，才能实现项目的投资及可持续性回报。

2. 可持续发展总体目标及框架

Barangaroo South项目在项目初始就确立了成为能代表全球最佳实践、成为代表国际最高绿色低碳发展水平项目典范的目标，项目的可持续发展框架是基于发展商近50年的绿色发展经验确立的，包含了健康、能源、资源、创新、社会责任、社区发展、多元及文化等诸多内容。

3. 可持续发展具体目标

（1）关于C40及正气侯发展计划

C40是指Cities Climate Leadership Group，即城市气候领袖群（以下简称C40），是一个由世界大城市及其市长组成的网络，在2005年初由时任伦敦市长肯·利文斯顿的倡议创立，2006年8月，C40与CCI（美国前总统克林顿发起的环境与气候倡议组织）结成战略伙伴关系，旨在为城市服务，推进有意义的温室气体减排和气候风险减低的目标。正气侯发展计划（Climate+Development Program）为C40国际组织中通过引入以业绩为导向的指导框架，用以认可城市实现既具经济性又能实现负碳排放为开发目标的项目，进而支持C40城市会员加速实施大规模可持续城市规划最佳实践。

（2）为何选择正气侯发展计划作为具体目标

在诸多的世界各种绿色发展认证标准中，将正气侯发展计划作为具体目标是基于：

①正气侯发展计划代表着国际领先水平的绿色标准

正气侯发展计划是一个代表绿色国际领先水平的认证体系及标准，其中对项目要求达到"碳中和""零废物""零废水""社区发展"方面的标准均代表着世界绿色发展的领先水平。

②实现"碳中和"目标可以采用技术及商业两种手段

要达到正气侯发展计划项目认证，首先就要满足"碳中和"的标准，而真正实现"碳中和"就需要技术及商业交易两种手段。不同于一些国际绿色认证注重项目通过技术性措施在场地内降低碳排放的要求，正气侯发展计划项目在实现"碳中和"目标可以采用技术及商业两种手段。发展商一方面可以运用成熟的技术手段，首先在项目场地采用相对经济可行性的技术措施最大化的降低碳排放，也可以通过设立的碳基金，通过进行碳交易来实现"碳中和"的总体目标，这就为项目投资方提供了一定的弹性，也能促进项目发展方更积极推进C40组织的发展宗旨。

③C40带来的国际影响力

C40作为国际性组织的组织，目前全球有83个城市会员参与其中，包括伦敦、纽约、悉尼、墨尔本、柏林、东京、香港等国际大城市、创新城市和

观察员城市。参与的成员须为国际绿色发展的领军城市，各城市市长及代表现通过参加C40组织的国际性的气候大会来展现各个城市在降低碳排放方面所做的努力及成绩。而获得C40组织的正气候发展计划认证的项目可借助C40这个高级别的国际舞台来推广项目的国际影响力，特别是通过碳交易的进行，项目发展商就可以利用各城市地区间的差异来进行资源配置及商业交易，有力地促进项目发展商在该地区的品牌推广，带来新项目的发展机会。

④获取正气候发展计划认证的入先觉条件及稀缺性

C40组织对授予正气候发展计划认证的项目有着严格的管理流程，同时，为更大范围内推动碳排放，C40组织的成员城市必须有降低碳排放的作为，而所有新申请获得正气候发展计划认证的项目的所在城市必须以加入C40为前提。

基于正气候发展计划项目认证的高标准及严格的评选流程，目前全球范围内仅有18个项目或得了正气候发展计划项目认证，中国目前有香港、北京、上海、深圳和武汉等5座城市为其正式成员或观察员城市，但还没有任何一个项目获得正气候发展计划认证。2016年6月8日的第二届中美气候智慧型及低碳城市峰会上，首钢总公司与C40签署合作协议，位于北京"新首钢高端产业综合服务区"的核心地区，占地33.81亩，总建筑面积约96万m²项目将被正式纳入C40正气候项目发展计划中，有望成为中国第一个、全球第19个正气候发展计划认证项目。

4. 获得正气候发展计划认证的关键性措施

（1）降低碳排放的关键性措施

在碳排放方面，首先通过技术手段，如通过合理的建筑设计、有效的基础设施以及教育和行动倡议避免碳排放的发生，鼓励每天23 000工作者，1 200名居住者及33 000位游客选择绿色出行，减少碳排放；再通过现场及非现场的低碳可再生能源，相比标准建筑减少20%的隐形碳排放。所有新建建筑（包括公寓）将按超过澳大利亚国家5星绿色建筑标准设计，其中酒店会围绕6星绿色建筑标准设计，3栋办公塔楼将成为第一个达到澳大利亚6星级第三代评估标准的绿色建筑；然后通过设立碳排放基金，征收碳税并进行碳交易，通过碳补偿的方式购买员工通勤排放，实现在运营阶段的"零碳"排放，实现澳大利亚第一个包括能源、废物、碳排放的碳中和社区。

（2）水资源利用关键性措施

在水资源利用方面，Barangaroo South项目计划成为水资源友好型社区，整个项目在运营阶段将不产生任何废水。通过教育员工、经理、居民、旅游者合理使用水资源，在项目上设立的水循环系统有能力为整个管理区及周边城区每天供应或储藏1 000 000升的循环水，用于代替目前使用的饮用水用于厕所冲洗、灌溉和其他合理利用；南部区域收集的雨水将运输到北部的在Headland Park；在一年中，若满负荷运营，Barangaroo South将能为商业中心的住宅单元提供约70个奥利匹克游泳馆的循环水量；通过设置雨水收集塔，每栋商务办公大楼能收集并循环利用雨水90 000升。

（3）能源利用关键性措施

在能源利用方面，Barangaroo South项目现场将安装6 000m²的太阳能电池板，每年将产生1 000兆瓦的电量，足够137个家庭使用，也能为公共空间及循环水处理厂提供所需要的100%的能源，设在3栋商务办公大楼的追踪太阳轨迹的遮阳系统能减少阳光吸收，减少制冷所需要的能量；集中设置的能源管理设施能最大化地产生规模效应及发挥能源教育的价值，70KWP的中央冷却水处理厂能冷却管理区港口水，比起传统的冷却水处理系统更高效，也是澳大利亚最大的冷却水处理系统。

（4）废物利用关键性措施

建筑在建造、运营和拆除阶段将产生世界上30%~40%的固体垃圾，消耗世界上40%的戏院并产生世界上约35%的温室气体。在废物利用及处理方面，Barangaroo South在2020年将实现零废物填埋及浪费的社区，在开发过程中减少97%的建筑垃圾填埋，运营阶段减少80%的垃圾填埋。在项目上设置更方便的公共饮用水取水点，将减少瓶装水的消耗及减少塑料瓶产生的垃圾；其中项目上使用的超过95%的木材将来源于澳大利亚森林标准及森林委员会来源证明。

（5）社区发展关键性措施及社会价值

在社区发展方面，Barangaroo South将提供100 000建筑工人就业，为23 000民员工提供工作场所，为1 200~1 500个居民提供居所；在10年的施工阶段，同时将有超过500人的本地居民及10万人的员工团队参与到项目建设中，培养100位下一代的建设行业领导者，1万人将会得到施工地区和相关贸易领域拥有最新技术的专家培训。通过文化、公共艺术和活动，将极地大丰富社区的日常生活，每年将会迎来1 800万游客。预计Barangaroo South将增加15亿澳币的社会价值，包括在新就业和培训领域产生的大约9.47亿澳币的社会价值，在公共—私人合作领域产生的约3.27亿澳币的社会价值，在创造可持续发展区领域产生的1.25亿澳币的社会价值，在产生充满活力的社区文化领域产生7 300万澳币社会价值。

五、项目发展经验小结

作为在发达成熟市场中的标杆项目，建设中的

HEALTH & WELLBEING
Put people's well-being first
健康&乐活
碳中和将人的乐活放在第一位

INNOVATION
Recognise, reward and invest in innovation
创新
认证、奖励并投资创新项目

COMMUNITY DEVELOPMENT
Create places for people

社区发展
创造人文场所

ENERGY
Be powered by clean energy
能源
用清洁能源助力城市发展

RESPONSIBLE INVESTMENT
Always consider environmental, social and economic outcomes
负责任的投资
始终考虑环境、社会和经济影响

RESILIENCE & ADAPTATION
Build resilience into our communities and our business

弹性和适应力
在我们的社区商业中嵌入弹性

WATER
Create more clean water than we use
水资源
创造更多洁净的水资源

TRAINING, SKILLS & EMPLOYMENT
Invest in people today for their tomorrow

培训、技能和就业
投资人才的今天，赢得他们的明天

DIVERSITY & CULTURE
Advance diversity and inclusiveness

多元和文化
提升多样性和包容性

WASTE
Eliminate waste
废物
减少废物

MATERIALS & SUPPLY CHAIN
Use and buy materials responsibly
材料运输链
负责任的使用和采购材料

NATURAL ENVIRONMENT
Recognise and respect the value of nature
自然环境
承认和尊重自然的价值 13

以每平方米计量征收碳税　　结合能源，废物及运输对剩余的碳进行碳税征收

15

13.可持续发展框架
14.设立碳基金及进行碳交易
15.获得C40认证的全球18个正气候发展计划项目

Barangaroo South正在展现她作为世界级地标项目的巨大魅力。要打造成功的可持续发展的城市更新项目，从Barangaroo South的高密度可持续发展的经验有以下几个方面可以借鉴。

1. 土地污染治理及利用

随着地球的生态环境不断受到破坏，环境污染在加剧，在过往工业遗存的城市用地、历史上存有土地污染区域进行城市更新前，很有必要进行项目前期土地污染调查及勘察，避免项目在后期发展过程中陷入停滞，带来极大的不良社会影响及巨大的经济损失，Barangaroo South前期进行土地污染调查及进行土地污染治理的经验很值得借鉴。

2. 公开制定的项目发展法定规划，并保留调整的弹性

Barangaroo South的发展规划不是政府请国际规划公司制定的，而是邀请多家有意愿参加投资的发展商做出的，来确保每个方案不只是从规划本身考虑问题，而是从投资、发展、建设、运营等角度综合性考虑制定发展规划，都有很强的实际操作可行性；在各家公司的投资及发展方案递交政府后，政府邀请各方专家、公众，通过制定透明的评定的规则，进行公开评选确定的最终的规划方案；在正式实施前，在通过公开的方式进行适当优化及调整，即便是确定发展权益后，法定的规划还是先后经过了8次调整，且未来随着市场变化、市政公共设施的规划及实施，Barangaroo South的总体规划还会有依据实际情况基于公开、透明、合理的原则进行调整的可能。这对国内的规划管理制度、土地

出让及建设管理制度很有借鉴意义。

3. 确定合理的开发周期，引入世界水平的发展商

Barangaroo South的建造按计划及实际情况需要经历10年的历程，若从前期的土地污染治理、规划论证开始算起，项目前后发展需要世界领先水平的发展商整合各方资源，20年的时间才能总体完成，相信这是基于发达国家高度成熟的市场环境的实际情况做出的决定。

对比国内发展商及投资商呈现的急功近利心态，投资周期较短、项目设计及建设追求高周转而呈现的项目质量低下、市场供需关系不够健康及稳定、行业人员专业度及系统性不强等现状，我国的房地产市场同发达成熟市场间还有着巨大的差距，相信这很值得业内人士进行深思。

4. 整合绿色基础设施及绿色建筑，全面系统性地最佳实践可持续发展理念

在过去很长时间里，国内同行都把对房地产行业的可持续发展的焦点都集中在绿色建筑上，注重如何通过高精尖的技术手段及措施来实现绿色建筑的认证目标，但对技术本身的成熟度及经济性可行性分析不够深入。

Barangaroo South是以达到可持续方面的国际领先水平、实现正气候发展计划认证为具体目标，在实现"碳中和"目标的过程中，是从场地内及场地外两个方面加以综合性评估，对技术及商业行加以灵活运用，另外还将PPP模式引入基础设施投资基金，将绿色基础设施实现同绿色建筑做到协同可持续发展，也可以让我们以新的角度进行可持续发展更全面的系

统性思考。

5. 最大化创造城市公共空间

相信Barangaroo South的最大化创造城市公共空间规划理念不是孤例，越是高密度发展的区域，公共空间的打造越发显得重要，特别是实现公共空间的100%的开放度，在创造宜人尺度及舒适性环境的同时，遵循自然，因地制宜地利用公共空间为项目创造价值，在实现项目高品质的发展同时，又能为投资机构带来长期性的最大回报。

任何项目的发展都是为了更好地服务于人们的生活，使得项目的发展融入既有的社区文化并结合新的生活方式进行创新，来创造更大更为长远的社会价值，相信这才是进行项目投资及发展，进行规划及设计管理工作的真谛。

作者简介

乔东华，硕士，联实集团，发展总监，中国注册建筑师。